高等学校一流本科专业建设教材
环境艺术设计丛书

室内设计基础

华亦雄　邵丹　毛贺　编著

Environmental
Art
Design

化学工业出版社
·北京·

内容简介

本教材针对高等院校室内设计原理、室内设计初步等课程的教学要求而编写。全书以努力培养造就一流创新人才、大国工匠为引领，结合新时代人才培养需求进行内容设计，以室内设计与建筑学的分离与融合为理论主线，以当代国内外优秀室内设计案例为样本，通过三部分内容——室内设计从哪里来、室内设计是什么、室内设计往哪里去，介绍和分析新时代的室内设计研究方法、专题设计发展趋势进行介绍与分析，引导学生通过关注社会需求，脚踏实地，守正创新，助力国家文化软实力的提升。

本教材适用于高等院校环境设计、室内设计、景观设计、展示设计、艺术与科技等专业教学，也可作为环境艺术设计、展示展览行业从业者、研究者的参考用书。

图书在版编目（CIP）数据

室内设计基础/华亦雄，邵丹，毛贺编著．—北京：化学工业出版社，2021.4（2023.8重印）
（环境艺术设计丛书）
ISBN 978-7-122-38409-6

Ⅰ.①室… Ⅱ.①华…②邵…③毛… Ⅲ.①室内装饰设计 Ⅳ.①TU238.2

中国版本图书馆CIP数据核字（2021）第018949号

责任编辑：张　阳　　　　　　　　　　　装帧设计：尹琳琳
责任校对：边　涛

出版发行：化学工业出版社（北京市东城区青年湖南街13号　邮政编码100011）
印　　装：涿州市般润文化传播有限公司
787mm×1092mm　1/16　印张7¾　字数167千字　2023年8月北京第1版第2次印刷

购书咨询：010-64518888　　　　　　　　售后服务：010-64518899
网　　址：http://www.cip.com.cn
凡购买本书，如有缺损质量问题，本社销售中心负责调换。

定　　价：49.80元　　　　　　　　　　　　　　　　　　版权所有　违者必究

室内设计基础

前言

室内设计行业是一个古老而常新的行业，在美丽中国建设的当下意义重大。在我国，室内设计专业教育虽然起步较晚，但市场对相关人才的需求量一直很大。截至2022年，我国建筑装饰企业数量为10.6万，室内设计的从业人数可想而知。党的二十大报告指出，人才是第一资源，要努力培养造就更多高技能人才。随着室内设计市场的逐渐规范，行业自身发展有所变化，室内设计人才的培养目标也发生改变，行业越来越需要具有创新思维及扎实专业基础的室内设计师。

　　与室内设计基础相关的课程较多，如室内设计原理、室内设计初步、环境设计导论，这些课程通常设置在学生刚入学的第一年。作为一门专业启蒙课，首先需要带领初学者回望历史、了解现实并描绘未来。对于初学者来说，最想了解的问题集中为三个：室内设计从哪里来？室内设计是什么？室内设计往哪里去？

　　本教材的编著者都是从事室内设计教学工作多年的教师，都经历了从"室内装饰"向"室内设计"转变的过程，其中华亦雄在清华大学美术学院攻读艺术学博士期间恰逢"环境艺术设计"专业更名为"环境设计"专业，她曾花不少时间去厘清专业名称屡次变更中的室内设计学科内涵和外延发生的细微变化；而邵丹则常年在国外高校留学，对国外室内设计的教育与发展现状较为了解，书中所采用的案例大都来自她多年来出国访学、进修时采集的一手资料。二人共同完成的这本教材正好将纵向时间轴上的思考和横向空间轴上的视野相结合。

　　本书将可持续、适老化、情感化、智能化等符合党的二十大报告精神的先进设计理念引入书中，并提供大量体现中国优秀传统文化、有助于培养学生创新思维与能力的案例，书后还附有毛贺老师提供的某室内设计任务书，引导学生脚踏实地、举一反三、善作善成，进而能够通过实践，美化人们的生活环境，不断满足人民对美好生活的向往。

　　本书编著时，正值苏州科技大学环境设计专业获评2021年国家级一流本科专业建设点，教材内容基于作者团队多年来的专业教学经验及对室内设计专业、行业的认知，再三萃取凝结而成，是一流专业建设的成果。希望它的面世能够帮助初学者快速了解室内设计的初步轮廓，并顺利进入下一阶段的学习。

　　此外，这本教材的诞生还要感谢张小开教授、王颖老师的支持，也要感谢研究生王燕、高晓茜、付佳旭绘制书中的插图。由于时间、精力所限，书中难免有所疏漏，敬请广大专家、读者批评、指正！

编著者
2023年6月

Contents 目录

Chapter 2
第2章
室内设计是什么

- 2.1 室内设计的概念 /011
- 2.2 室内设计的内容 /012
  - 2.2.1 室内空间设计 /012
  - 2.2.2 室内建筑的实体装饰构件设计 /012
  - 2.2.3 室内家具与陈设设计 /013
  - 2.2.4 室内物理环境设计 /013
- 2.3 室内设计的流程 /014
  - 2.3.1 横向设计系统 /016
  - 2.3.2 纵向设计系统 /017
- 2.4 室内设计的风格与流派 /020
  - 2.4.1 传统风格 /021
  - 2.4.2 现代主义风格 /022
  - 2.4.3 自然主义风格 /023
  - 2.4.4 折衷主义风格 /024
  - 2.4.5 高技风格 /024
  - 2.4.6 后现代风格 /025
  - 2.4.7 新洛可可风格 /025
  - 2.4.8 装饰艺术风格 /025
- 2.5 室内设计的空间表达 /026
  - 2.5.1 室内空间的组织 /027
  - 2.5.2 室内空间的界面 /027
  - 2.5.3 室内空间的形象 /030

Chapter 1
第1章
室内设计从哪里来

- 1.1 室内设计与建筑设计 /002
  - 1.1.1 建筑与室内设计一体化阶段 /003
  - 1.1.2 室内设计与建筑的分离 /004
- 1.2 职业室内设计师的诞生 /004
  - 1.2.1 欧美室内设计师职业起点 /005
  - 1.2.2 中国室内设计师职业起点 /005
- 1.3 室内设计与环境设计 /006
  - 1.3.1 建筑学范畴下的室内设计 /006
  - 1.3.2 环境设计范畴下的室内设计 /007

室内设计基础

Chapter 3
第3章
室内设计往哪里去

3.1　室内设计的研究方法　/039
3.2　室内设计的发展趋势　/044
　　3.2.1　可持续室内设计　/044
　　3.2.2　适老型室内设计　/050
　　3.2.3　情感化室内设计　/059
　　3.2.4　智能化室内设计　/065
3.3　欧洲室内设计案例　/070
　　3.3.1　西班牙的巴特罗
　　　　　公寓　/070
　　3.3.2　法国的萨伏伊
　　　　　别墅　/075
　　3.3.3　英国的罗马浴池
　　　　　博物馆　/085
　　3.3.4　荷兰的代尔夫特
　　　　　理工大学　/089
3.4　大洋洲的室内设计案例——
　　　新西兰奥克兰博物馆　/096
3.5　亚洲室内设计案例　/100
　　3.5.1　日本金泽的21世纪
　　　　　美术馆　/100
　　3.5.2　马来西亚的
　　　　　双子塔　/105

附录
招标文件附件——
某室内设计任务书

参考文献

室内设计
基础
Chapter 1

第1章　室内设计从哪里来

1.1　室内设计与建筑设计
1.2　职业室内设计师的诞生
1.3　室内设计与环境设计

建筑室内一体化时期的设计故事

朱利奥·罗马诺（文艺复兴晚期）

罗马诺是文艺复兴晚期设计师中比较"调皮"的一位，他比较擅长在作品中调侃自己的业主。

他为费德里戈·冈萨加公爵（Dukae Federigo Gonzaga）设计的乡村别墅中处处充满了他精心制造的"错误"。建筑上，他让面向院子的建筑立面上的三角山花"漂浮"在窗上，檐部上雕刻的三陇板布置得到处都是；室内设计中，他也表现了许多奇怪的题材，比如房间的壁画框模仿建筑细部，画面中的马匹和真马一样大（以此暗指主人的爱好，公爵的马厩非常有名）；还有一间稍小无窗的巨人厅，他在厅内壁画中让众神拆除了公爵的别墅（图1-1-1）。

不过正是因为早期建筑与室内的设计者都是同一人，所以才能保持整体环境特征的高度一致。

> 图1-1-1　巨人厅壁画中被众神拆除的业主府邸（大度的甲方）

室内设计指依靠科学的方法，通过合理运用美学要素和空间功能要素，把表面上看来彼此相对独立的多个学科统一起来（国际室内设计协会定义）。❶

在欧洲，室内设计作为一门独立的学科始于20世纪60年代，从第一代职业室内设计师诞生之时我们就可以看到室内设计与建筑设计、绘画、雕塑等相关专业之间无法割裂的血缘关系。放眼未来，我们又能看到生态观念、人工智能等新观念、新技术不断地扩大室内设计的涉猎范围，改变着相关的行业标准。

不管是室内设计的从业者、研究者还是爱好者，如果想要深入了解室内设计，总不免会产生同样的疑问：室内设计从哪儿来？接下来的章节我们将顺着历史的脉络回溯至室内设计的起点。

1.1　室内设计与建筑设计

建筑设计是指设计者在建筑物建造之前，按照建设要求把施工过程和使用过程中所存在或可能发生的问题做出设想，拟定好问题的解决方案，并用图纸和文件表达出来，作为建筑制作和建造工作的依据。建筑设计作为专门的行业与学科，在西方始于文艺复兴时期，而在中国则是至清代后期于外来文化的影响下逐步形成。室内设计是根据建筑物的使用性质、所处环境和相应标准，运用物质技术手段和建筑设计原理，创造功

---

❶ 贺爱武，贺剑平.室内设计[M].北京：北京理工大学出版社，2016：1.

能合理、优美舒适、满足人们物质和精神生活需要的室内环境。从两者的设计范围看，室内设计与建筑设计存在一种有机的密切联系，且室内设计逐步从建筑设计的组成部分走向独立。

1.1.1 建筑与室内设计一体化阶段

人类关于环境营造的技术侧重在建筑技术的发展，首先要确保遮风避雨的容身之所被建造出来，继而为了改善生活质量进行室内设计相关活动，两者虽然在实施时间上有先后之分，但是对于营造人类的生活环境都是同样重要的。

1983年，浙江绍兴城外狮子山就发现了迄今为止第一个战国时期兼具建筑外观与室内场景的实物模型。该模型是在绍兴坡塘M306战国墓中出土的一间铜质房屋模型。房屋外观为四角尖顶，顶中竖一根八面直柱，柱端站有一鸟，屋顶为四角攒尖顶。顶上耸立着八角柱，上面所立的大尾鸠，可能与图腾崇拜有关。左右两侧山墙装有对称的格子式大窗；后墙有一小窗。前面屋门敞开，中间竖立着两根圆柱，屋内铸有六个正在演奏礼乐的人物。早期的出土文物中对建筑与室内场景的记载见证了两者共同成长、同等重要的历史起源。

但是不管是在东方还是西方，在相当长的一段时间内，建筑与室内设计都由同一个群体完成，直到近代才出现了建筑师与室内设计师在技术体系、职业分工上的明确区分。

文艺复兴时期的诸多艺术大师伯鲁乃列斯基、米开罗佐、阿尔伯蒂、伯拉孟特在建造活动中往往身兼数职，兼任建筑师、室内

建筑室内一体化时期的设计故事

每20年涅槃重生的伊势神宫

在日本最早且最值得夸耀的建筑作品中，神道教的神官（Shinto Shrines，神道教是日本最古老的一种本土宗教）占一席之地。虽然采用木结构，但是每隔20年彻底重建一遍。这个风俗使得伊势（Ise）的神官能从17世纪保存至今且保持了原来的设计样式。

2013年伊势神宫已经是第62次重建（图1-1-2）。重建后，神官的所有供奉物品全部都要换成新的，但神官的建筑式样要保持原样，这也使日本的神官建筑技术得到完好的传承。过去没有图纸，所以搬家时全凭工匠的记忆，然后再手把手传授给新一代匠人。日本人认为，这是"职人"精神的最高体现。

过去重建神官时，所有的树木基本上都是伊势当地自产的，可是由于树木生长很慢，很快就供应不上了。另外，以前人们都是步行从全国各地赶来参拜，为了解决他们的吃饭和洗澡问题，就要大量砍树烧柴。这也是当地木材缺乏的原因之一。如今，重建神官需要的树木是从日本各地支援来的，随之就出现了著名的拖木头仪式。

> 图1-1-2　日本伊势神宫

设计师、园艺师、壁画绘制者等多重身份，通过对建筑及建筑内外环境的规划设计营造出宜人的生活空间。

在东亚，中国北宋李诫在《木经》基础上编撰了《营造法式》一书，从理论上梳理了建筑室内一体化体系的实施细则。《营造法式》共34卷，内容涵盖从建筑的大木作、小木作到室内装饰各个部分。以大木作师傅为主设计师主导从建筑、室内设计到陈设各部分的匠作体系作为东亚营造传统甚至一直延续到今天，比如今天的苏州香山帮和日本的古建修复活动。

1.1.2 室内设计与建筑的分离

随着时代的发展，人们对室内空间的要求越来越高，室内设计涉及的分项和细节也越来越多；尤其是在工业化大生产开始后，大量室内家具和生活用品开始由市场提供，室内设计的统一策划和指导显得尤为重要。现代化管道系统、照明和取暖方式的出现，浴室作为一种新空间的注入，都让室内设计变成一个更为复杂的系统，需要专职的室内设计师进行专业统筹与指导。因此，在工业革命早期，室内设计就逐渐与建筑设计在设计程序、方法上开始分离。

1.2 职业室内设计师的诞生

美国NCIDQ[1]认为室内设计师应具有如下能力：
① 分析业主的需要、目标和有关生活的各项要求；
② 运用室内设计的知识综合解决各相关问题；
③ 根据有关规范和标准的要求，从美学、舒适、功能等方面系统地提出初步的概念设计；
④ 通过适当的表达手段，完善和展现最终的设计建议；
⑤ 按照通用的无障碍设计原则和所有的相关规范，提供有关非承重内部结构、顶面设计、照明、室内细部设计、材料、装饰面层、空间规划、家具、陈设和设备的施工图以及相关专业服务；
⑥ 在设备、电气和承重结构设计方面，应该能与其他资质的专业人员进行合作；
⑦ 可以作为业主的代理人，准备和管理投标文件与合同文件；
⑧ 在设计文件的执行过程中和执行完成时，应该承担监督和评估的责任。

由以上条例可以看出，室内设计师的职业资格认证在现代已经生成了极为成熟和完善的评判和考核标准。而标准的设定恰恰是室内设计师正式成为一个专门职业的起点。

---

[1] NCIDQ是一个独立的、非营利性质的组织，目的是为社会提供室内设计师具备最基本的从业资格的证明。自1974年起，已有13500名室内装饰设计师通过了NCIDQ的考试。NCIDQ由美国室内设计师学会（American Institute of Interior Designers，简称ASID）和全美室内设计师学社（National Society of Interior Designers，简称NSID）共同设立。

1.2.1 欧美室内设计师职业起点

法国的佩尔西埃（Charles Percier，1764—1838年）和方丹（Pierre Fransois Leonard Fontaine，1762—1853年）通常被认作第一批职业室内设计师。佩尔西埃和方丹是一对合作者，在巴黎和罗马做建筑系学生时就已认识。他们正式成为职业室内设计师是在法国拿破仑称帝时期。当时，拿破仑在称帝后为了提高个人威望，希望创造某种专属的室内设计风格，佩尔西埃和方丹就为他创造了"帝国风格"。帝国风格的典型特征是引入军事和帝王符号，以及将豪华、奢侈与严谨、精简相混合，并且引入大量庞贝题材。在枫丹白露宫中有许多套房间都是这种风格，房间主要由庞贝的红墙、镀金装饰、镜子、黑色和金色家具组成。

以前的室内设计通常由建筑师、艺术家和工匠一起合作完成，并非在统一指导下进行。佩尔西埃和方丹开始运用现代室内设计方法完成他们的作品，使得室内空间在他们的全权控制下。他们将帝国风格的设计图纸整理成设计图集，图集的流传使得帝国风格变得普遍而且被欧洲各国争相模仿。因此，当提及室内设计师这一专有名词时，他们俩被认为是第一批职业室内设计师。

1.2.2 中国室内设计师职业起点

我国现代室内设计活动一般可以从半殖民地半封建社会遗留下来的设计遗产说起。中国传统建筑与室内设计活动通常基于"业主－承揽方"的二元模式，设计及营建工作

职业室内设计师诞生时期的帝国风格经典作品

佩尔西埃和方丹为拿破仑的妻子设计的马迈松府邸（Malmaison），室内充满了各种展示拿破仑权势、地位的细节（图1-2-1）。

卧室设计成华丽帐篷的形式，隐喻拿破仑在战场上忙碌着。有关帐篷的主题使得沿着墙和绕床四周布置的松松的装饰物成为帝国风格的特有装饰。室内的家具通常使用黑色的油漆饰面，带有镀金的细部，比如刻成鹰和束棒，因为束棒是罗马皇帝权利的象征。金色的"N"，即拿破仑名字的首字母到处出现，让人时刻记住皇帝。室内大量应用深红色，因为它让人想起庞贝城——罗马帝国的象征。

室内的印花墙纸图案主要有花环、蔷薇花和蜜蜂，这些是拿破仑为自己选择的象征物。墙纸背景通常是深棕色、绿色和暗红色，仅在图案局部点缀少许亮色。

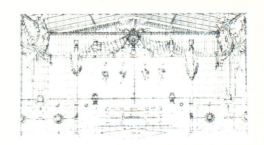

> 图1-2-1 佩尔西埃和方丹为马迈松府邸所作的室内设计图。1810年设计，1812年完工

长期由传统工匠主要负责，没有明确分工。近代时期，由于租界区域西式建筑的大量出现，当地的传统工匠不得不尝试、钻研西方营建体系。经过多年磨炼，19世纪末，上海地区的传统工匠群体在全国率先实现转型，成立了多家本土营造厂，近代营造业群体就此形成。至1920年代，上海的建筑营造业市场已被本土营造厂垄断，近代营造业队伍日趋庞大，并先后出现了水木工业公所、上海特别市营造厂同业公会等行业组织。另外，源于海外留学、本土土木工程教育培养、外商建筑事务所间接培养三种途径，专门负责建筑与室内设计任务的中国早期建筑师于20世纪初开始出现，同样于1920年代，受过高等建筑教育的第一代中国建筑师登上历史舞台。与近代营造业群体一起，中国建筑师群体的出现标志着近代室内设计行业分工的初步形成，并逐渐对中国室内设计的现代化转型产生影响。中国建筑师学会于1928年规定"内部美术装修"收费标准为项目总价的15%，1946年改为10～12%，均高于建筑设计的收费标准，反映了当时的室内设计项目已经呈现出复杂性较高、工程量较大的特点。此时，建筑师往往难以独立完成室内设计工程，内部装饰家、装饰者等早期室内设计师开始直接介入相关工作。

经过多年的发展，中国的室内设计市场逐年壮大。早在十多年前，国家统计局就调查统计得出，国民经济年度报告中，住宅装饰装修已成为我国新的三大消费点之一。2006年全国装饰行业实现产值8300亿元，年增20%以上，装饰行业已成为最具有潜力的朝阳产业之一，未来30～50年都处于一个高速上升的阶段，有巨大可持续发展的潜力。住建部资料显示，目前中国约有室内设计师20多万人，缺口达70万。按现有开设室内设计专业大中专院校的培养速度，要用18年才能满足人才缺口。

1.3　室内设计与环境设计

1949年后中国室内设计教育的发展经历了三个阶段：1957年首先在中央工艺美术学院成立了"室内装饰"系，1978年开始招收室内设计专业的硕士研究生；第二阶段是室内设计教育普及期，1987年建设部召开专业论证会，决定在同济大学建筑系和重庆建筑工程学院建筑系设置室内设计专业并于1988年开始招生，自此开启了室内设计教育分属工学与艺术学的各有特色的专业人才培养模式并延续至今；90年代以后，我国室内设计专业进入飞速发展时期，出现了一大批教育教学水平较高的院校，如清华大学美术学院（原中央工艺美术学院）、广州美术学院、同济大学、江南大学（原无锡轻工大学）、东南大学。

室内设计教育的双轨发展模式决定了其招生来源的多样化与丰富性，招收的应届生包括了工学和艺术学两个体系下的本科生。

1.3.1　建筑学范畴下的室内设计

建筑学是研究建筑物及其环境的学科。目前，建筑学包括5个二级学科：建筑理论与历史、建筑设计及其理论、建筑技术科学、城市设计及其理论、室内设计。建筑学下的室内设计主要关注的问题包括：内部空间的创造与组合；如何形成安全、卫生、舒适、优美、生态的内部环境；如何让内部空间环境满足人们物质功能需求和精神功能需求。

国内在建筑学下第一个设置室内设计的是同济大学，1959年曾在建筑学专业中申请成立"室内装饰与家具专门化"专业，希望培养专门从事内部空间设计的专业人才，可惜未获批准，但针对室内设计的研究和实践仍在进行，特别值得一提的是20世纪60年代还进行了"东风号"万吨轮、"昆仑号"游艇的内舱设计。1984年同济大学在"洪堡基金会"的资助下，派遣30人的团队（10名教师、10名高年级学生和10名技术工人）赴德国学习室内设计，为成立室内设计专业做准备。1984年同济大学建筑系成立了上海同济室内设计工程有限公司，直至1988年正式招收室内设计专业学生。

2011年3月，随着国务院学位委员会和教育部《学位授予和人才培养学科目录（2011年）》的出台，"室内设计"正式成为建筑学一级学科中的二级学科，同济大学建筑与城市规划学院同年成立了"室内设计学科组"，致力于从事室内设计的科研、教学和实践，为室内设计学科的发展提供了新的空间。

总的来说，建筑学下的室内设计专业学生通常具备厚实的建筑学基础，逻辑思维能力较强。

1.3.2 环境设计范畴下的室内设计

环境设计所涉及的内容和范围在中外的相关学科教育体系都早有涉及，早在1980年A. Cuthbert所著的《城市设计教育》第2章《融贯学科》中就提到了将"环境设计"作为带有交叉学科性质的研究方向列入城市设计的教育体系之中（图1-3-1）❶。从图中可以看出，如果追溯它的缘起可以早至1910年；而在《英国皇家建筑师学会（RIBA）学报》所载1976年英国皇家建筑师学会剑桥会议的《建筑教育新方向》一文中，则更为清晰地显现出环境设计的宏观、中观和微观的层级划分及各层级所涉及的领域（图1-3-2）❷。国内学术界则是从"环境艺术"的角度切入对"环境问题"的思考，最先考虑"环境艺术"问题的学科分支是"室内设计"。1982年，中国建筑学会决定成立室内环境艺术筹备组，由林乐义等召集了艺术家、建筑师、工程师以及建筑相关专业的专家等11人组成，并在同年7月召开座谈会。从会议内容来看，这一行动针对的是改革开放初期重要建筑的室内设计要么被海外设计垄断，要么模仿抄袭港台这类现象。会议要求设计、科研、生产和美术工艺等部门有机结合，进行整体设计；通过试点研究，发挥作用❸。在1987年11月召开的"全国室内设计学术交流会"上很多参会论文和发言都是从"环境设计"或"环境艺术"的角度重新审视室内设计，指出室

---

❶ 吴良镛. 建筑·城市·人居环境[M]. 石家庄：河北教育出版社，2003：18.
❷ 吴良镛. 建筑·城市·人居环境[M]. 石家庄：河北教育出版社，2003：1.
❸ 简讯[J]. 建筑学报，1982（10）：61.

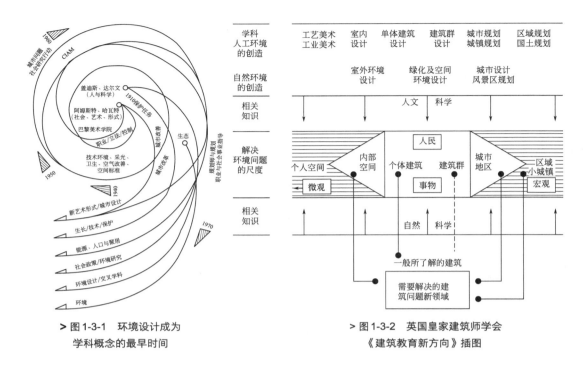

> 图 1-3-1 环境设计成为
学科概念的最早时间

> 图 1-3-2 英国皇家建筑师学会
《建筑教育新方向》插图

内设计绝不等同于"装修"或"装饰",而是一种以"人"为主角的"时空环境再造"❶,不应满足于实用经济或简单的"美观"概念,而转向对"环境艺术"的需求❷。同年12月21日,国家教育委员会正式在《普通高等学校社会科学本科专业目录》中增加了"环境艺术设计"专业。随着学术界对"环境"概念的进一步明确,不少设计师提出新的观点,比如建筑师张耀曾就旗帜鲜明地提出了"环境营造说"。他刻意区分了"空间"与"环境"两大本体概念,赋予"环境"以优先地位。他断言,空间不过是环境的一个要素,建筑设计的最终目的不仅是构建空间,更主要的是营造环境。他认为"空间恰如躯壳但缺乏生命",而环境,被张耀曾诠释为"供我们实用的空间",因此更富有生命力。因为实用空间中必须包含"满足人类活动需要的声、光、热等物理条件",还有更为重要的有别于动物巢穴的"家园感"。而环境的范畴则包括了"从区域规划、城镇规划到建筑群、单体建筑及室内的设计多个层次"❸。

随着与"环境"相关设计内容与范畴的进一步明确,在国务院学位委员会颁布的《学位授予和人才培养学科目录(2011年)》中,环境设计成为了下属于设计学的二级学科。2013年9月,国务院学位委员会在《学位授予和人才培养一级学科简介》中具体解释了"环境设计"作为设计学下属的学科方向的定义和内容,章程中关于"环境设计"的定义为"环境设计是研究自然、人工、社会三类环境关系的应用方向,以优化人类生活和居住环境为主要宗旨。环境设计尊重自然环境、人文历史景观的完整性,既重视历史文化关系,又兼顾社会发

---

❶ 蔡冠丽,高民权.大量性建筑的室内设计[J].建筑学报,1982(10):61.
❷ 陆震纬,屠兰芬.住宅室内环境艺术的若干问题[J].建筑学报,1988(02):22.
❸ 张耀曾.环境营造说——龙柏"文峰"设计谈[J].时代建筑,1984(01):16.

展需求，具有理论研究与实践创造、环境体验与审美引导相结合的特征。环境设计以环境中的建筑为主体，在其内外空间综合运用艺术方法与工程技术，实施城乡景观、风景园林、建筑室内等微观环境的设计。"❶

室内设计成为了环境设计学科研究及设计范畴中的重要组成部分，而在"环境设计"前身"环境艺术设计"学科的人才培养设置中，大多数院校会同时设置"室内设计"和"景观设计"两大平行教学模块供学生选择，比如最早开设"室内装饰系"的中央工艺美术学院（现清华美院）、江南大学设计学院。

环境设计学科体系下培养的学生多数通过艺考进入高校，因此普遍具有较为扎实的手绘能力、较强的空间想象能力和发散思维能力。

---

❶ 国务院学位委员会第六届学科评议组. 学位授予和人才培养一级学科简介[M]. 北京：高等教育出版社，2013（9）：416.

室内设计基础

Chapter 2

第2章　室内设计是什么

2.1　室内设计的概念
2.2　室内设计的内容
2.3　室内设计的流程
2.4　室内设计的风格与流派
2.5　室内设计的空间表达

室内设计是什么？我们可以把它看作一个名词，也可以看成一种行为。名词解释下的室内设计特指经过一系列专业技术手段优化后的建筑物内部空间；动词视角下的室内设计则指运用现代物质技术及美学原理，对建筑内部空间进行优化与再生。

2.1 室内设计的概念

对于室内设计概念的理解可以采用分解法层层推进，通过"室内"+"设计"分解概念，从大的学科范围推导至具体专业方向。

（1）何为设计？

设计是思想的物化。

——李砚祖

设计是对如何解决问题的直觉理念。

——（西）埃尔库里

设计是把一种计划、规划、设想通过某种形式传达出来的活动过程。

——百度（一种大众认知）

设计是根据一定的目的要求，预先制定方案、图样等。

——《辞海》

从以上各家的观点来看，设计就是一个"从无到有"的过程，以解决问题为目的。同济大学陈易教授对设计的定义较为全面："设计是寻求解决问题的方法与过程，是在有明确目的引导下的有意识创造，是对人与人、人与物、物与物之间关系问题的求解，是生活方式的体现，是知识价值的体现。"

第欧根尼斯在室内还是室外？

第欧根尼斯是西方犬儒主义的代表人物，其名言是"像狗一样生活"。他认为即使环境贫困，也可以过得舒适自在，个人并不需要那种体面的生活。他抛弃和蔑视一切法律观念，不承认城邦。由于他的行为过于怪癖，在当时也是知名人物。

第欧根尼斯最出名的一件事是当亚历山大大帝拜访他，并询问他"你需要什么"时，第欧根尼斯说，"你挡住我的太阳了，麻烦你让开"（图2-1-1）。

> 图2-1-1 第欧根尼斯与亚历山大

第欧根尼斯当时的居所是一个木桶。对居所的看法，第欧根尼斯与魏晋时期"以天地为屋宇"的刘伶相近。如果依据犬儒主义和老庄哲学观，室内室外并没有确定的边界，所以第欧根尼斯和刘伶会认为亚历山大和其他人是进入了他们的居室空间。

当然，按照环境设计学科的定义，第欧根尼斯的居室只能是木桶覆盖的头顶上那一小块区域。

（2）室内涵盖的范围

围合一个空间可以通过三种界面完成：顶界面、垂直界面及底界面；区别一个空间是归属于室内还是室外的决定性指标在于"空间是否具有顶盖"。

室内空间指的就是由结构和各类界面（必须包含顶界面）所限定围合的供人活动、生活、工作的空的部分。

（3）室内设计的概念

对建筑内部空间进行功能、技术、艺术的综合设计。　　　　　　　　——《辞海》

室内设计比设计包容这些内部空间的建筑要困难得多，这是因为室内设计师必须更多地同人打交道，研究人们的心理因素以及如何使他们感到舒适、兴奋。经验证明，它比同结构、建筑体系打交道要费心得多，也要求有更加专门的训练。

——普拉特纳（W. Platner）

室内空间属于环境的微观层面，因此室内设计需要运用到更为细腻的设计手法，更多地关注于情感与体验层面的表达。

室内设计即运用一定的物质技术手段与经济能力，根据对象所处的特定环境，对内部空间进行创造与组织，形成安全、卫生、舒适、优美、生态的内部环境，满足人们的物质功能需要与精神功能需要。

2.2　室内设计的内容

室内设计作为艺术与工程的交叉，涉及众多内容，工程类的内容包括室内物理环境设计及建筑实体装饰构件设计，而艺术的部分则包含空间设计、家具与陈设设计。

2.2.1　室内空间设计

室内空间设计最大的特征在于"优化"，室内空间优化设计是"对建筑设计完成的一次空间根据具体的使用功能和视觉美感要求而进行的空间三度向量的设计，包括空间的比例尺度、空间与空间的衔接与过渡、对比与统一等问题，以使空间形态和空间布局更加合理"❶。简而言之，就是要根据功能调整已有空间布局，具体手法体现为对空间的重新划分，交通通道、隔断等的增加或删减。

2.2.2　室内建筑的实体装饰构件设计

完成了对原有空间的优化后，室内设计重要的工作就是对已有的结构构件、承重墙柱等

---

❶ 黎志涛，室内设计方法入门 [M]. 北京：中国建筑工业出版社，2004：14.

进行再设计。通过对墙、地、顶几个界面的处理，使室内空间的效果达到一定的品格。因此需要对原有的梁、柱、墙等结构进行分析，才能决定是通过表面材质及灯光的处理凸显原有结构美感，还是通过附加装饰材料对界面进行重新造型。

重新造型的空间界面材质选择需要从周边环境、空间整体造型及功能设定三个层面进行考虑；通过界面的层次变化来塑造室内空间的渗透与方向感；通过图案与光影的设计，增加室内空间的装饰性。

但不管是优化原有结构构件，还是重新造型，都应该注意构件与原有界面的融合与过渡，做到"硬装与建筑相融"。

2.2.3　室内家具与陈设设计

家具与陈设配置是室内设计的构成要素之一，室内大部分功能的实现还是要依靠家具。家具的体量、造型、组合方式首先要符合使用者的生活方式，其次要根据空间情感表达的需求选择适用的造型、色彩、质感，满足使用者的精神需求。

家具选择的种类与数量需要依据室内空间容量进行分析，保留足够的活动周转空间，注重家具、陈设之间的整体性，选择能够体现空间氛围的家具陈设组合，处理好空间、界面、家具与陈设之间的各种关系。

2.2.4　室内物理环境设计

室内环境品质和舒适度很大程度上取决于室内物理环境设计。物理环境的设计包含空调、暖通、电气、给排水等设施设备的设计。要解决室内温度、湿度、通风、采光、照明、声音等物理条件改良或营造的问题，

上海第一豪宅的室内设计品质

——硬装与建筑相融，陈设自硬装中生长

位于世界金融中心上空的汤臣一品，是陆家嘴的高尚住宅标准，"上海最贵"由此起源，奢华方式、价值感、艺术化的高级……

设计师充分强调室内建筑化的设计理念（图2-2-1）。

设计师吴滨提倡：用建筑感演绎情绪，进而构建秩序，化东方于无形。

> 图2-2-1　汤臣一品的室内建筑画

设计师需要平衡设备与室内空间其他构成要素间的和谐统一，在此基础上保证室内的热舒适度、光环境、声环境、空气质量达标等要求。

2.3 室内设计的流程

室内设计需要对使用者、投资者、环境与社会负责，了解室内设计的流程，首先要明确设计者对这三者的责任所在。

① 对使用者的责任

室内设计需要满足使用者的需求，除了生理功能方面的基本需求，还包括心理、精神方面的需求。

② 对投资者的责任

一般而言，投资者的目的都是要在尽可能短的时间内收回成本创造利润，因此设计师需要平衡好成本投入与所追求设计质量之间的落差问题。

③ 对环境与社会的责任

除了对使用者和投资者的责任以外，设计师还应该具有一定的社会责任意识，从维护自然生态系统和社会生态系统两个角度考虑问题。尽量遵循生态设计的5R原则进行设计活动❶，减少人类设计活动对环境的不良影响，以室内设计的可持续运营为最终设计目标。

室内设计是一项跨度大、历时长、环节多的复杂体系，总的来说可以分为四大阶

---

❶ 生态设计的5R原则指的是价值重赋（Revalue）、旧建筑更新（Renew）、旧材料再利用（Reuse）、物质循环利用（Recycle）、减少资源消耗与环境破坏（Reduce）。

风靡欧洲的"中国房间"
——以家具和陈设体现异国风情

17—18世纪的欧洲各国大量开辟海上航线，神秘美丽的中国外销艺术品涌入欧洲，成为了欧洲最受欢迎的奢侈品。

一时间在各皇家宫殿中设置"中国房间"（Chinese Room）成为风尚，尤其是在巴洛克风格盛行时期。中国房间多以"漆屋"与"瓷宫"的形式出现，用漆板、瓷器及中国风家具布置室内空间（图2-2-2、图2-2-3）。

> 图2-2-2 德国夏洛特堡瓷宫

> 图2-2-3 用漆板与青花瓷装饰的法国枫丹白露中国馆

段：① 项目立项与信息处理；② 概念构思与设计表达；③ 方案实施与设计优化；④ 后期陈设与设施选配（表2-3-1）。

表2-3-1　某室内设计公司项目设计操作流程细则

工作阶段	主案	客户经理	项目主管	物料组
项目立项阶段↓正式签约	1.了解客户意图；2.讨论设计方向	1.了解客户信息（资料入档）；2.讲解合同注意事项；3.确认双方负责人，填写通讯联系单；4.必须了解施工单位信息或相应的信息	制定项目工作计划书	
方案概念阶段	1.确认设计方向及风格定位；2.确认设计策略；3.提供项目资金估算表；4.确定前期概念文本；5.所有主要材料确定	1.配合主案及项目负责人；2.检查内部时间进度；3.检查甲方签字确认情况	1.确定平面功能表；2.与灯光、材料、软饰及平面设计组协调工作内容；3.协调主案落实完善概念文本，并提交概念文本	协调主案收集资源
方案深化阶段	1.方案深化；2.项目空间分析及效果图把控	1.检查内部时间进度；2.检查甲方签字确认情况	1.提交平面方案，协调甲方进行消防预审（所提交图纸必须是白图，无图框，不盖章）；2.确定功能区标准配置清单；3.与五大系统方交底并协调制作；4.配合主案选定基本主材，与材料组协调材料实样；5.甲方签字确认（与效果图合并文本）；6.提前协调甲方办理消防报批及外立面申报手续	
施工图阶段	1.确定详细材料；2.确定定制物品方案；3.与灯光组确定灯光方案；4.与软饰组确定软饰方案	1.检查内部时间进度；2.检查甲方签字确认情况	1.复核五大系统图纸；2.图纸会审并调整；3.提交整套施工图；4.提交材料表、材料样板、灯具文本；5.提交定制物品清单及图纸；6.提交软饰方案及艺术品清单；7.与现场结合度高的（如：指示系统、字牌、异型加工等）由项目主管负责	1.联系供应商；2.物料实样；3.表格类制作；4.制作定制类家具、灯具等专业图纸
现场服务阶段	1.设计变更；2.现场疑难问题	1.检查项目联系单情况；2.与甲方保持联系	1.现场跟踪服务，填写项目联系单；2.处理现场相关问题；3.协调后期软饰布置	1.物料文件交底；2.定制物品等外发执行；3.协调供应商，打样、看样

对于室内设计系统，郑曙旸先生做过一定程度的研究并取得了一定成果。在郑先生所著的《室内设计程序》一书中，他对室内设计系统的内容展开了系统阐述，并从设计系统的内容分类、空间构造与环境系统、空间形象与尺度系统三个方面对室内设计系统的内容要素展开细致的分析；在他所著的《室内设计·思维与方法》一书中，郑先生对室内设计系统的特征作了专门的论述，从时空系统、设计系统的要素和行为心理的要素三个方面展开详细的探讨和分析，形成郑先生所建构的室内设计系统。

通过对已有的室内设计内涵及流程的梳理，对系统设计相关观点的分析和目前对室内设计系统理解的分析，我们可以对室内设计系统下一个定义：室内设计系统是指应用系统的观点和方法，将室内设计的内容、要素，相关的领域和环节，以及室内设计的程序予以统筹而形成的一个框架体系。从框架体系所包含的内容看，可分为横向设计系统和纵向设计系统两个方面。横向系统设计表现为在设计过程中所涉及的如生理学、心理学、行为科学、人体工程学、材料学、声学、光学、经济学等诸多因素；纵向系统设计表现为对设计实现过程中所有历程的考虑。概括而言，横向设计系统强调相关与联系；纵向设计系统强调过程与变化。

2.3.1 横向设计系统

横向设计系统强调设计因子的关联性。张青萍教授在她的博士论文中指出："室内设计是一门多种因素综合交叉的学科，它不仅是艺术与技术的结合，而且还涉及生理学、心理学、行为科学、人体工程学、材料学、声学、光学等诸多学科。"恰是由于这一点，才使得室内设计包含诸多相互制约的因素，仅从视觉要素方面，它就包含空间形式、界面、光、色、材质、家具及各种陈设、绿化等，此外还有建筑物理、音响系统、标识系统等方面的因素要予以考虑。一般而言，对于室内设计系统，其横向系统要考虑的系统因子以单个设计项目来说，主要牵涉到环境系统、建筑系统、结构系统、照明系统、HVAC（供热通风与空气调节）系统、给排水系统、消防系统、交通系统、标识系统和陈设艺术系统等问题。

在设计过程中，要对这个横向系统中的各个因子予以统筹考虑，关注其间的相互冲突和影响，在以室内设计效果为首要目标的前提下综合考虑多方面的问题，注重各子系统相互间的合作与配合（表2-3-2）。

表2-3-2　横向设计系统要考虑的系统因子

专业系统	有关要素
环境系统	① 外部环境的整体氛围 ② 外部环境的气候特征 ③ 室内外的连通性
建筑系统	① 建筑功能对室内空间的功能要求 ② 空间形体的修正和完善 ③ 空间气氛和意境的创造

续表

专业系统	有关要素
结构系统	① 室内墙面及天棚中外露结构部件的利用 ② 吊顶标高与结构标高的关系 ③ 室内悬挂物与结构构件固定的方式 ④ 地面开洞处承重结构的可能性分析
照明系统	① 室内顶面设计与灯具布置、照度要求的关系 ② 室内墙面设计与灯具布置、照度要求的关系 ③ 室内墙面设计与配电箱的布置 ④ 室内地面设计与脚灯的布置
HVAC系统	① 室内顶面设计与空调送风口的布置 ② 室内墙面设计与空调回风口的布置 ③ 室内陈设与各类独立设置的空调设备的关系 ④ 出入口装修设计与冷风幕设备布置的关系
供暖系统	① 室内墙面设计与水暖设备的布置 ② 室内顶面布置与供热风系统的布置 ③ 出入口装修设计与热风幕设备布置的关系
给排水系统	① 卫生间设计与各类卫生洁具的布置与选型 ② 室内喷水池、瀑布设计与循环水系统的设置
交通系统	① 室内墙面设计与电梯门洞的装修处理 ② 室内地面及墙面设计与自动步道的装修处理 ③ 室内墙面设计与自动扶梯的装修处理 ④ 室内坡道等无障碍设施的装修处理
广播电视系统	① 室内顶面设计与扬声器的位置 ② 室内闭路电视和各种信息播放系统的布置方式的确定
标志广告系统	① 室内空间中标志或标志灯箱的造型与布置 ② 室内空间中广告或广告灯箱、广告物件的造型与布置
陈设艺术系统	① 家具、地毯的配置和造型、风格、样式的确定 ② 室内绿化的配置方式和品种确定 ③ 室内特殊音响效果、气味效果等的设置方式 ④ 室内环境艺术作品的选用和布置 ⑤ 其他室内物件的配置
—	—

注：本表主要参考郑曙旸《室内设计程序》，中国建筑工业出版社，1999：78

2.3.2 纵向设计系统

纵向设计系统强调设计系统的过程性。室内设计的目的很明确，即在各种条件的限制下，通过协调各横向系统间的关系来创造适于人工作和生活的艺术性空间，以使其设计结果能够影响和改变人的生活状态。这种目的的达到最根本的条件是设计的概念来源，即原始的创作

餐饮空间设计方案确定的要素——翻台率

能够得到甲方认可的餐饮空间设计方案除了能够体现品牌文化、美观大方、吸引顾客外,最关键的是要根据餐厅的翻台率来合理设计空间。

翻台率即餐桌的重复使用率。

翻台率=[(餐桌使用次数−总台位数)÷总台位数]×100%

月平均翻台率=[(月餐桌使用次数−总台位数×2餐×30日)÷(总台位数×2餐×30日)]×100%

翻台率是由商业模式决定的,它直接影响了餐厅等候区的面积大小(图2-3-1)。

比如以快速菜为主的宴请类餐饮品牌翻台率会比较高,用餐更替速度较快,会吸引更多的顾客,因此餐厅的等待区面积会较一般餐厅更大些(图2-3-2)。

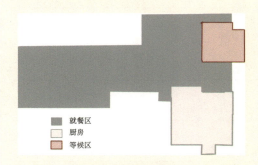

> 图2-3-1 外婆家杭州西溪餐厅面积比例

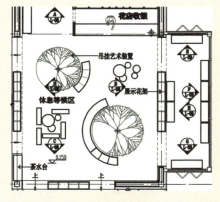

> 图2-3-2 外婆家杭州西溪餐厅等候区布局(9m×9m)

动力是什么,它是否适应甲方的要求并且能够解决问题,以及这个概念如何实现。整个设计的实现过程是一个循序渐进和自然而然的孵化过程,也就我们所要说的纵向设计系统。简单地说,这个系统的组成主要有以下几个关键环节:

项目立项—信息处理—概念构思—设计定案—设计实施—设计优化—后期配置—交付使用—设计评价。

(1)项目立项

一个设计系统的开展首先要具备的条件是要有项目存在。一个项目存在与否的关键在于甲方和乙方的相关关系。通俗地说,设计师所接到的室内设计项目必定是在甲方对其信任的基础上委托或进行招投标的结果,设计方往往会根据业主的委托书和任务书开始考虑方案(详见附录《招标文件附件——某室内设计任务书》)。在大体确立合作关系接到任务的基础上,设计单位所要做的首先就是进行项目立项,研究设计任务书,明确所要设计的项目的相关内容、条件、标准和时间要求等重要问题。这个环节是任何一个室内设计系统成立的基础。

(2)信息处理

要让设计有一个明确的方向与标准,首先需要梳理任务书中给出的明确信息,然后就进入头脑风暴、大量查阅资料阶段。所谓的设计创新就是在了解80%以上同类设计后,充分总结同类设计的既有逻辑,在尊重成熟设计逻辑的基础上对已有设计语言及表达方式进行超越。因此信息处理阶段的关键在于资料的占有以及处理的程度。

在这一阶段,收集大量的资料,对国内外同类设计进行横向比较,归纳整理,发现问题，总结设计策略，通过资料比对和头脑风暴使得原本模糊的概念逐渐清晰，并且建立起适应项目的设计语言，明确设计的方向与标准。

（3）概念构思

经过信息处理阶段，设计师就要开始针对项目组织设计语言，形成设计逻辑。设计是个"动手之前先动首"的过程，面对一个具体的设计项目，头脑中总要有一个基本的构思，确定设计概念。在设计概念的指引下，确定设计的整体走向，保证室内设计各个要素之间的连贯和谐，进而保证一个优质作品该有的清晰明确的设计品质。

（4）设计定案

目前室内设计项目分为委托设计与招投标设计两类。

委托设计建立在甲方对设计师了解与充分信任的基础上，所以从签订正式设计合同开始，设计师就可以就概念构思与甲方进行反复的讨论，通过多次沟通确定设计方案。

招投标设计则需要设计单位通过竞争的方式获得设计权，而且随着市场经济竞争机制的日渐成熟，招标竞标日渐成为确定设计方案的主要模式，因此目前设计师与甲方在前期反复探讨的机会逐渐减少，更多地寄希望于中标后根据具体情况进行一些调整。

设计方案的确定"始于理性思考、介入情感叙事、终于审美表达"，虽然设计作品最终都以美的形式呈现，但确定方案绝不是一个纯学术的技术与美学讨论。以商业空间室内设计为例，一个优秀的方案不光是在美学上能吸引客户群、功能上能满足商业活动需求，更重要的是能够契合商业模式运行提出的精细化需求。

林妹妹和宝姐姐居室的室内陈设
——陈设诉说人物性格

红楼梦中的林黛玉和薛宝钗两姐妹性格迥异，曹雪芹通过语言、外貌、行为方式对两者进行塑造。

薛宝钗居室的室内陈设可谓极其精简，在大片白墙的衬托下，只有一案、一床等有限的家具点缀其中，只有"花中隐者"菊花独吐芬芳，与之相伴。这"清教徒式"的冷僻的室内风格也正是居者——薛宝钗内心世界和性格特征的外在反映（图2-3-3）。

> 图2-3-3 薛宝钗居室的室内布局与陈设

上面小小两三房舍，一明两暗，里面都是合着地步打就的床几椅案。从里间房内又得一小门，出去则是后院，有大株梨花兼着芭蕉。又有两间小小退步。后院墙下忽开一隙，清泉一派，开沟仅尺许，灌入墙内，绕阶缘屋至前院，盘旋竹下而出。

定制家具与暗门隔断暗合了林妹妹细腻多思的性格设定（图2-3-4）。

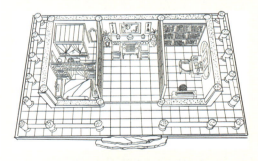

> 图2-3-4 林黛玉的室内布局与家具

（5）设计施工

从概念构思到施工图绘制完成，室内设计项目的图纸阶段任务结束。将图纸转化为物质载体是室内设计的重要环节，也是体现最终设计质量的保证。施工中需要处理好物与物、人与物及人与人之间的各种关系，比如空间造型与水、电、风、音响的终端和设备管线的协调，各相关单位的矛盾与冲突，现有施工工艺与预期效果之间的不平衡，成本控制与设计品质之间的协调。

这其中比较考验设计师能力的是现场服务阶段，因为不管前期的工程图纸有多具体，在面对现场施工的时候，总是会或多或少地出现问题。设计师在现场设计的过程中，需要有足够的耐心，针对现场情况采取应对措施，提出合理的修改。

（6）后期配置

后期配置主要指陈设布置，与服饰搭配的原理相同，如果说前期的空间造型、装饰构造是选定服装样式的话，后期配置就是为着装者选定配饰，陈设与服装配饰起的作用相近：① 点睛，凸显主题与个性；② 补足某些辅助功能。

当所有的室内空间、界面装饰工作完成之后，后期的家具、灯具、装饰、陈设、绿化成为了设计师的主要工作，这一环节对室内设计最终品质的影响十分重要，对于室内空间氛围和情感的表达起着决定性的作用。

目前室内设计项目中的后期配置工作主要分为两种模式：① 公司内部配置物料组，如表2-3-1中所示，物料组从项目开始就介入团队讨论，并且根据项目推进情况收集资料，联系供应商，在前期空间设计完成后跟进整个项目，这种模式的优势在于后期配置与整个项目的结合度较为紧密，能较好地保证后期配置与室内空间的完整性；② 由独立的软装公司完成后期配置，一般而言，独立软装公司具有更多的产品及材料供应商资源，但是他们对项目的介入度不够，因此在完成软装配置方案时，需要与前期的设计团队进行有效沟通，才能保证后期配置起到画龙点睛的作用。

（7）设计评价

项目完工后三个月至半年内，设计师应该及时回访项目，收集业主及使用者的反馈意见，通过影像记录等方式进行记录，将图纸归档，做好资料库整理工作。

将横向系统与纵向系统结合在一起就形成了完整的室内设计系统。室内设计系统具有整体性、目的性、开放性等特性，室内设计师只有先熟悉了横向系统和纵向系统的具体内容，才能在实践活动中做到理性思考、审美表达。

2.4　室内设计的风格与流派

勒·柯布西耶在《走向新建筑》的序言中对"风格"的内涵这样定义："风格的发展变化总是能够在一定程度上反映当时社会的某种审美倾向和社会思潮。"从某种意义上来说，室内设计（尤其是商业空间的室内设计）带有强烈的时尚性，室内设计的更新周期较建筑要短，更多的时候是为了适应使用者的审美趣味变化而进行更新。

室内设计的风格和流派，是室内设计发展和演变所形成的客观现象，也是一定历史条件下文化发展的产物。室内设计的风格和流派往往是和建筑乃至家具的风格和流派发展相关，甚至与当时文化和艺术风格的演化有关，如室内设计中的"高技风格"是"高技派"建筑设计的延续，而建筑与室内设计中的"后现代"风格则体现了当代文化发展的一种思潮。可见，室内设计的风格除了具有材料、技术演变造成的风格特征外，也和其他的艺术和文化发展有着密切的关系。

一种室内设计风格的形成，是当代文化思潮和地方特点，通过设计、创作构思和表现，逐渐发展成为具有代表性的设计形式的过程。一种典型风格的形式，通常和当地的人文因素和自然条件密切相关，又具有创作中的构思和造型的特点。所以说，风格具有艺术、文化、社会发展等方面的深刻内涵，从这一深层含义来说，风格又不完全等同于艺术或设计的形式。

一种风格或流派一旦形成，它又能对文化、艺术以及诸多的社会因素产生影响，并不仅仅局限于作为一种艺术形式的表现。近几十年来，室内设计的风格在总体上呈现出多元化的趋势，出现了兼容并蓄的状况。在体现设计的艺术特色和个性的同时，一般认为，当代存在的室内设计风格可分为传统风格、现代主义风格、后现代风格、自然主义风格以及折衷主义风格等。

2.4.1 传统风格

传统风格的室内设计，是指在室内布置、色调以及家居、陈设的造型等方面，吸取传统设计中的主要特征。如西方传统风格范畴内的哥特式风格、文艺复兴风格、巴洛克风格、洛可可风格、古典主义风格等，都具备了当时的经典特征（图2-4-1）；而中国传统风格的室内，则主要指吸取传统木构架建筑室内的藻井天棚、挂落、雀替等的构成和装饰，通常具有明、清家具造型和款式特征（图2-4-2、图2-4-3）。此外，还有众多地方和民族的传统风格，如日本传统风格、伊斯兰传统风格等。传统风格通常给人们以历史延续和地域文脉传承的感受，它使室内环境的设计突出

> 图2-4-1　哥特式风格的米兰大教堂

> 图2-4-2 中国传统风格的北京故宫

> 图2-4-3 中国传统风格的藻井

了民族文化渊源的形象特征。❶

2.4.2 现代主义风格

一般认为，现代主义风格起源于20世纪初以德国包豪斯学派为代表的现代主义建筑设计运动，这场运动开创了现代设计的先河。它的创始人、著名建筑师格罗皮乌斯认为，"美的观念随着思想和技术的进步而改变""在建筑表现中不能抹杀现代建筑技术，建筑表现要应用前所未有的形象"。包豪斯在这场运动中起到了举足轻重的作用，它不仅重视教学过程中的手工艺制作，也强调设计与工业生产的联系。现代主义风格在形成过程中，强调突破传统，

> 图2-4-4 现代主义风格的法国巴黎萨伏伊别墅

---

❶ 彭彧，冯源.室内设计初步.北京：化学工业出版社，2014：115-135.

重视功能和空间组织，注意发挥结构本身的形式美，反对多余装饰，崇尚合理的构成工艺，尊重材料的性能，讲究材料自身的质地和色彩的配置效果，发展了非传统的以功能布局为依据的不对称的构图手法。包豪斯的建筑和室内设计风格在20世纪的建筑中具有广泛的影响，并成为现代设计的代名词（图2-4-4）。而广义的现代主义风格也可泛指造型简洁、新颖，具有当代时代感的建筑形象和室内环境（图2-4-5）。

> 图2-4-5 现代主义风格的加拿大蒙特利尔的公园住宅

2.4.3 自然主义风格

建筑与室内设计中的自然主义风格很大程度上是受到了文学领域内的自然主义思潮的影响。它倡导文学"回归自然"，在美学上推崇自然，认为在当今高科技、高节奏的社会生活中，只有回归自然，才能使人们取得生理和心理的平衡。受到这种思潮影响的室内设计所形成的风格，在设计中更多地采用木料、织物、石材等天然材料，显示材料的纹理，清新淡雅。此外，由于宗旨和手法雷同，也可把田园风格归入自然主义风格。田园风格在室内环境中力求表现悠闲、舒畅、自然的田园生活情趣，也常运用天然木、石、藤、竹等材质质朴的纹理（图2-4-6），同时也注重设置室内绿化，创造自然、简朴、高雅的氛围。

> 图2-4-6 田园风格的德国柏林夏日公寓

2.4.4 折衷主义风格

也被称为"混合型"风格，原指19世纪法国流行的一种融合了多种风格的建筑设计，后引申为在设计中融合各种风格而成为一种特点的设计风格。近代，室内设计在总体上呈现多元化、兼容并蓄的状况。室内布置中也有既趋于现代实用，又吸取传统的特征，在装饰与陈设中将古今或中西风格融于一体。如现代风格的建筑及装修，配合传统的屏风、摆设和茶几等；欧式古典风格的装修灯具，配以东方传统的家具、陈设、小品等。混合型风格虽然在设计中不拘一格，运用多种体例，但设计中仍然匠心独具，深入推敲形体、色彩、材质等方面的总体构图和视觉效果（图2-4-7）。

> 图2-4-7 折衷主义风格的西班牙马德里2060牛顿青年旅社

> 图2-4-8 法国巴黎蓬皮杜国家艺术文化中心

2.4.5 高技风格

高技风格常常被称为"高技派"或"重技派"。其设计特点是突出当代工业技术成就，并在建筑形体和室内空间设计中加以炫耀，崇尚"机械美"，在室内暴露梁架、网架等结构构件，以及风管、线缆等各种设备和管道，强调工艺技术与时代感。高技风格的典型实例为法国巴黎蓬皮杜国家艺术文化中心（图2-4-8）、阿拉伯世界研究中心（图2-4-9）。

> 图2-4-9 法国巴黎的阿拉伯世界研究中心

2.4.6 后现代风格

"后现代主义"一词最早用来在文学领域描述现代主义风格内部发生的逆动,特别是指一种对现代主义纯理性的逆反心理,故被称之为"后现代主义"。20世纪50年代,美国在"现代主义"文化衰落的情况下,也逐渐形成后现代主义的文化思潮。受到60年代兴起的波普艺术的影响,后现代风格对现代主义风格中纯理性主义倾向进行批判,它强调建筑及室内设计应当具有历史的延续性,但又不拘泥于传统的逻辑思维方式,提倡探索创新造型手法。在室内设计中,常把古典主义建筑的构件以抽象形式的手法组合在一起,即采用非传统的混合、叠加、错位、裂变等手法和象征、隐喻等手段,以创造一种融感性与理性、集传统与现代于一体的室内环境。后现代设计强调室内的复杂性和矛盾性,反对简单化、模式化,追求人情味,崇尚隐喻和象征手法的运用,提倡多元化和多样化,室内设计的造型特点趋向繁复,大胆地使用新的手法重新组合室内构件,大胆地运用图案和色彩,设计手法具有很大的自由度,室内的家具、陈设也往往具有象征意味(图2-4-10)。

> 图2-4-10 后现代风格的美国费城的母亲住宅

2.4.7 新洛可可风格

洛可可风格原为18世纪盛行于欧洲宫廷的一种建筑装饰风格,以精细轻巧和繁复的雕饰为特征,新洛可可风格仰承了洛可可风格繁复的装饰特点,但装饰造型的"载体"和加工技术却运用现代新型装饰材料和现代工艺手段,从而具有华丽而略显浪漫、传统中仍不失有时代气息的装饰氛围(图2-4-11)。

2.4.8 装饰艺术风格

装饰艺术风格的起源可以追溯到19世纪末欧洲盛行一时的"新艺术运动"。与新艺术风格相比,它更是一种奢侈的风格。装饰艺术风格以其瑰丽和新

> 图2-4-11 新洛可可风格的美国纽约Hayes剧院

> 图2-4-12 装饰艺术风格的加拿大温哥华 Tacofino Ocho 餐厅

奇的"现代感"而著称。装饰艺术风格的室内装饰的重点是强调各种新奇的材料,并极为讲究地运用这些材料。装饰艺术风格的设计特点是轮廓简单明朗,外表呈流线型或几何形;图案呈几何状或由具象形式演化而成,它趋于几何形,但又不强调对称,趋于直线亦不囿于直线。与新古典主义风格有某种相似的是它所具有的规范性。它从各种源泉中广泛汲取灵感,包括新艺术风格中较严谨的方面、包豪斯风格较为简洁的方面等(图2-4-12)。

当工业化社会逐渐向后工业社会或信息社会过渡的时候,人们对自身周围环境的需求除了能满足使用要求、物质功能之外,更注重对环境氛围、文化内涵、艺术质量等的精神功能。室内设计不同艺术风格和流派的产生、发展和变换,既是建筑艺术历史文脉的延续和发展,具有深刻的社会历史和文化内涵,同时也必将极大地丰富人们与之朝夕相处、活动于其间时的精神生活。

2.5 室内设计的空间表达

室内设计主要是为人们创造使用空间,但空间基本上由实体界面构成,人们感受空间,看到或触摸到界面等实体。室内空间与界面的关系,犹如物体与其影子的关系一样,不能分割[1]。

自原始穴居以来,人类从适应环境逐渐发展到改造和创造环境。自然的空间环境与人工的空间环境,对于人们的生活活动都有各自有利和不利的两个方面。室内设计中人们力图综合自然与人工、室内与室外,交融渗透,集两方面的优势,以创造舒适优美、达到生态平衡和心理平衡的室内空间环境。随着时代的前进、社会的发展,室内空间的功能也日趋繁杂和变化。人们对室内空间组织和界面处理的认识也不断发展,从实践和理论上提出了新的要求。

我们以室内空间的组织、室内空间的界面、室内空间的类型分析为主,来探讨室内设计的空间表达。

---

[1] 来增祥.现代室内设计原理(四)室内空间组织和界面处理[J].室内,1993(03):30-33.

2.5.1 室内空间的组织

提到室内空间的组织,就不得不从单个室内空间的功能分析说起。

一幢建筑物内部室内空间的使用性质,基本上可以分为:主要活动的室内空间、辅助活动的室内空间、交通联系的室内空间。例如旅馆中的客房、餐厅等为主要活动的室内空间;盥洗室、贮藏室、设备用房等为辅助活动的室内空间;门厅、走道、楼梯间、电梯厅等为交通联系的室内空间。

在主要活动的这一室内空间里,根据空间内各部分功能及其必须的面积和所占地位,又包括:人及人际的尺度及活动时的动作域、人际交往距离以及通行时所需的位置、家具设备等所占的位置等。例如:在住宅的起居室里,需要有家人团聚、休息、会客、视听等主要活动所占的面积;有房间入口到沙发、橱柜、阳台门等处通行的面积和相应的空间;还有沙发、茶几、橱柜的位置,以及可能有的落地灯、取暖器等所占的位置。这些内容的功能以及家具和设备的布置需要综合地考虑活动方便,通行不受阻,视听室人与电视机、音响设施的相应位置等。家具的布置除上述因素外,还需顾及采光方向、门的位置等。在室内空间的高度上,要考虑橱柜的高度、吊灯等的位置,一般起居室在高度上不存在什么问题,而在影剧院的主要活动空间——观众厅内,由于视线由地坪升起,楼座的视线与放映线的要求,以及由于混响时间、每一观众应占的室内体积等音质和卫生要求,都将影响到观众厅的高度和体积。

2.5.2 室内空间的界面

从公共空间、室内空间、建筑,到人生活的其他所有空间,空间环境设计包罗万象,是一个将各类艺术统一协调的综合体。室内设计所涉及的空间范围就是人的活动范围。这里涉及空间、人、行为、心理等要素。

(1)人—空间—行为

由于人是空间活动的主体,不同种族、阶级、宗教、年龄、身份、意识形态、生活方式等都在对人群做出不同的划分,并进一步影响着人们对环境的审美诉求与意义联想。

而环境行为学关注"人类的多样性",因为不同的人有不同的立场和需求,这种多样性的存在"构成了人类过去、现在和未来的全部世界"。具体问题具体分析,对作为对象的"人"做一些限定,均衡各种人群的需求差异,是环境行为学中主要的方法和视角。否则,"为人而设计"(Design for People)将成为一句空话。❶

因而,人的行为是设计的依据。建成的室内环境与人的行为会在潜移默化中相互影响。古典行为主义认为,对行为的研究最终是为了了解动物(包括人在内)是如何适应环境的。心理学必须基于对暴露于外部的可观察事物的研究,即对由于物对物的刺激引起的生理反应以及由此而产生的环境产物的研究。新行为主义心理学派与近代的行为主义都认为,由于心

---

❶ 胡沈健,陈岩,邓威.室内设计原理.杭州:中国美术学院出版社,2019:16.

理现象有别于物理现象,所以,研究人的心理必须从人的行为,即人对于刺激的反应着手。

行为作为一种过渡状态下的行动,是一种为了达到某种愿望与目的而采取一定方法,进一步形成的某种行动。广义的行为包含心理学的内容,它们相互作用,是一个整体。环境行为学研究应与视觉心理学、社会心理学、认知心理学、审美等研究有机结合。

空间是与时间相对的一种物质客观存在形式,但两者密不可分,空间由长度、宽度、高度、大小表现出来。室内空间是由面围合而成的,通常呈六面体,它是与人最接近的空间环境。

空间尺度处理对人的行为有重要影响。小的空间让人感到温馨而宜人,小的尺度使人们可以看见和听见他人;在小的空间中,细部和整体都能被欣赏到。相反,大的空间令人觉得冷漠和缺乏人情味,其中的建筑物和人群都"保持一段距离"。

空间作为容纳人的行为的场所,人的行为方式及心理感受对于空间的构成而言有着重要的意义。人作为空间的主体,其对环境有一定的心理需求,环境对个人行为、心态的影响是明显的。另外,空间应适应和满足人的行为模式的需求,并为人的行为提供必要的暗示,以此影响人在内外空间的行为。

(2)人—空间—心理

室内空间的大小和形状,是由人和人际的尺度和活动范围,室内的家具、设施的布置和使用特点构成的结构体系。对室内设计来说相当重要的是人们对该室内空间应具有的有关环境气氛的综合感受。由室内空间采光、照明、色彩、家具、陈设等因素综合造成的室内空间形象使人在心理上产生比室外空间更强的承受力和感受力,从而影响到人的生理、精神状态。

室内空间的形状由底面、墙面和顶面等室内界面围合而成。室内空间的不同形状常会给人以不同的感受。室内空间的形状多种多样,表2-5-1中所列的是较为典型的八种。

表2-5-1 室内空间形状与心理感受的关系

正向空间				斜向空间		曲面及自由空间	
稳定、规整	稳定、方向感	高耸、神秘	低矮、亲切	超稳定、庄重	动态、变化	和谐、完整	活泼、自由
略感呆板		不亲切	压抑感	拘谨	不规整	无方向感	不完整

著名建筑师贝聿铭先生曾对他的作品——具有三角形斜向空间的华盛顿国家美术馆东馆——有很好的论述(图2-5-1)。他认为,三角形、多灭点的斜向空间常给人以动态和富有变化的心理感受。贝聿铭用一条对角线把梯形分成两个三角形。西北部面积较大,是等腰三角形,底边朝西馆,以这部分作展览馆。三个角上突起断面为平行四边形的四棱柱体。东南部是直角三角形,为研究中心和行政管理机构用房。对角线上筑实墙,两部分只在第四层相

通。这种划分使两大部分在体形上有明显的区别，但整个建筑又不失为一个整体。在贝聿铭设计的诸多建筑物中，华盛顿国家美术馆东大厅最令人叹为观止。美国前总统卡特称赞说："这座建筑物不仅是首都华盛顿和谐而周全的一部分，而且是公众生活与艺术之间日益增强联系的艺术象征。"

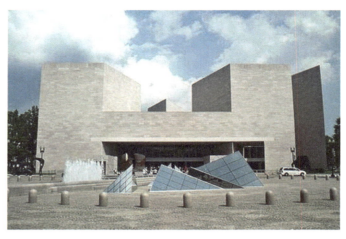

> 图2-5-1　美国华盛顿国家美术馆东馆

在做室内设计时，可以根据室内功能的特点和人的心理感受，在可能的条件下对室内空间进行选择、调整或再创造，也可根据上述原理对室内顶界面或部分侧界面采取不涉及结构体系的改造措施。

（3）人—空间—视觉心理

室内界面，即围合成室内空间的底面（地面）、侧面（墙面）和顶面（天棚）。人们使用和感受室内空间，通常直接看到甚至触摸到的是界面实体。

但是，人们对空间环境气氛的感受通常是综合的、整体的，既有空间形状，也有作为实体的界面。视觉感受到的界面主要因素有室内采光、照明，材料的质地、色彩，界面本身的形状、线脚和面上的图案肌理等。

在界面的具体设计中，根据室内环境气氛的要求和材料、设备、施工工艺等现实条件，也可以在界面处理时重点运用某一手法。例如：显露结构体系的构件构成，突出界面材料的质地与纹理、界面凹凸变化造型特点与光影效果，强调界面色彩或色彩构成、界面上的图案设计及重点装饰。

下面，从材料的质地、界面的线型两方面来解读其对人视觉心理的影响。

一方面，室内装饰材料的质地，根据其特性大致可以分为天然材料与人工材料、硬质材料与软质材料、精致材料与粗犷材料，等等。

天然材料中的木、竹、藤、麻、棉等常给人们以亲切感，室内采用带纹理的木材，藤竹、草编制品，以及粗略加工的墙面面材，粗犷自然，富有野趣，使人有回归自然的感受。

不同质地和表面加工的界面材料给人们带来不同的感受：平整光滑的大理石——整洁、精密；纹理清晰的木材——自然、亲切；具有斧痕的假石——活力、粗犷；全反射的镜面不锈钢——精密、高科技；清水勾缝砖墙面——传统、乡土情；大面积灰砂粉刷面——沧桑、整体感。

由于色彩、线型、质地之间具有一定的内在联系和综合感受，受光照等环境整体的影响，因此，上述感受也具有相对性。

另一方面，界面的线型是指界面上的图案，界面边缘、交接处的线脚。

界面上的图案必须从属于室内环境整体的气氛要求，起到烘托、加强室内精神功能的作用。根据场合的不同，图案可能是具象的或抽象的，有彩的或无彩的，有主题的或无主题的。图案的表现手段有绘制的，或用与界面同质材料或不同材料制作的。界面的图案还需要考虑与室内织物（如窗帘、地毯、床罩等）的协调。

界面的边缘、交接或不同材料的连接处，它们的造型和构造处理，即所谓"收头"，是室内设计中的难点之一。界面的边缘转角通常以不同断面造型的线脚处理，如墙面的踢脚和上部的压条等线脚。光洁材料和新型材料大多不作传统材料的线脚处理，但也有界面之间的过渡和材料的"收头"问题。

由此可见，室内界面由于线型的不同、花饰大小的尺度区别、色彩深浅的各种配置，以及材质的差异，都会给人们在视觉上带来不同的感受（图2-5-2）。

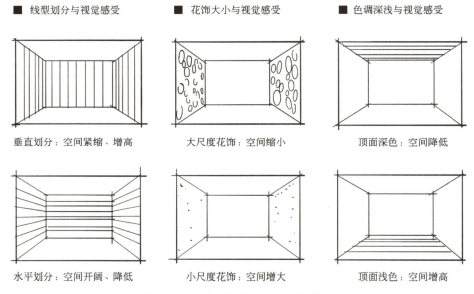

> 图2-5-2　室内界面的不同处理与视觉感受

2.5.3　室内空间的形象

随着生活水平的日益提高，人们对室内设计也提出了更高的要求，这就在很大程度上促进了室内空间设计的发展。在现实生活中，建筑的种类很多，不管是相同的还是不同的建筑，从使用到形式、从空间到细节，都具有很大的差异。[1]因此，有必要了解室内空间的各种类型特点。

---

[1] 孙力.如何进行不同类型的室内空间设计[J].美术大观，2010（12）：106-107.

（1）旅游类的室内空间设计

旅游类建筑主要包括宾馆、酒店、饭店、度假村等。我们以酒店为例谈谈旅游类建筑的室内空间设计（图2-5-3）。

> 图2-5-3　荷兰阿姆斯特丹Sir Adam酒店设计

酒店设计的内容包括酒店大堂和酒店客房。酒店大堂的功能空间设施主要包括总服务台、大堂副理办公桌、休息室、酒店业务内容和位置标牌、宣传资料、商务中心和娱乐设施等。大堂能起到酒店窗口的作用，历来是装修的重点。在材料选择上，以高档天然材料为首选，如天然花岗岩、天然大理石、高档木材，它们能在一定程度上营造出庄重、华贵、亲切、温馨的氛围。大堂地面常用天然花岗岩或天然大理石，为了与地面统一，墙面和柱面也可采用天然花岗岩或天然大理石。顶棚一般采用石膏板和涂料。总服务台大部分采用天然花岗岩、天然大理石或高档木材。酒店客房一般应具有优良的隔音、采光和通风条件，设计以华丽、淡雅、宁静为原则，以温馨、安静、舒适为宗旨。

酒店客房主要包括客房和卫生间两部分。客房里的设备主要包括单人床或双人床、床头柜、写字台、化妆台和椅凳、行李架、电冰箱、电视机、藏衣柜、灯具、沙发和茶几、电话，地面多采用地毯或复合地板，墙面和棚面多选择耐火、耐洗的壁纸或涂料；卫生间里的设备主要包括浴缸、有冷热水的淋浴喷头、洗脸盆和梳妆台、便器和卫生纸卷筒盒，地面多采用地砖或大理石，应以防滑为主，墙面选用瓷砖，棚面可用塑料扣板或防潮矿棉板吊顶。酒店入口处的照明设备有用来照亮酒店招牌的霓虹灯或射灯，雨篷和入口车道有槽形灯、星点灯、吸顶灯和聚光灯等，酒店门前设有独立的柱灯。酒店大堂主要有主要照明、功能照明、装饰照明三种光源。主要照明是大堂的照明中心，设计时要考虑应与整体建筑的风格相统一。功能照明是对主要照明的补充，如大堂一般设置总服务台为顾客办理各种出入住手续，所以在照明设计时要选择下投式灯具，以突出大厅的华贵气氛。

（2）商业类的室内空间设计

好的购物环境，既能带来商机，又能使顾客得到享受。商业类建筑主要包括大中小型百货商店、超级市场、产品专卖店等（图2-5-4）。下面我们以超市为例谈谈商业类的室内空间设计。超市产生于20世纪70年代的美国，因其条理化和科学化，很快风靡全世界。计算机管理降低了商品的成本，开架自选的售货方式，使顾客可随心所欲地选购商品。这些变化使空间布局也发生改变。集中收款台设在超市的入口，可增加购物区的面积；中场是购物区，商品分类摆放；后场为商品库房、设备区和加工区。超市的功能空间主要包括入口、咨询中心、存包区、购物推车、购物区、集中收款台、洗手间、职员室和库房。各部分所占的比例分别是：小型超市购物区、待客空间、洗手间和库房所占的比例分别是总面积的75：15：5：5；中型超市购物区、待客空间、洗手间和库房所占的比例分别是总面积的85：5：5：5；大型超市购物区、待客空间、洗手间和库房所占的比例分别是总面积的45：5：5：45。超市的空间比较宽敞，室内空间设计时既要注意整体，又要寻求变化。地面可以采用地砖或大理石，色彩和图案要与整个空间的用途、大小相协调。天棚设计在超市的装修中占重要地位，宜简洁完整，忌烦琐凌乱，一般采用结构简单、简洁大方的平滑式吊顶。超市由于空间较大，在灯光选择上相对也较复杂，通常由一般照明、重点照明、装饰照明构成，可以根据实际情况，选择各种不同的类型。

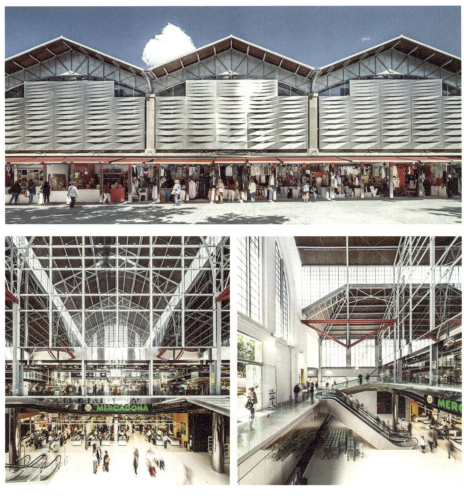

> 图2-5-4　西班牙巴塞罗那Ninot市场

（3）餐饮类的室内空间设计

现今社会人们的生活方式和生活观念在发生变化，餐饮行业已不再仅是解决吃饱问题的地方，而演变成为人们交流情感和文化的场所。餐饮类建筑的室内空间设计受地域、文化、风俗、宗教等的影响，设计起来难度较大（图2-5-5）。

餐饮类建筑主要包括餐馆与餐厅、酒吧与咖啡厅、快餐厅和宴会厅等。

宴会厅可以说是一个小型的夜总会，"麻雀虽小，五脏俱全"，通常装修得比较豪华。宴会厅为了适应不同的使用需要，经常设计成可分隔的空间，可设置固定或活动的小舞台，发言人和演员用的休息室和更衣室；入口处要有接待厅和衣帽间，另外还包括服务台、洗手间，便于桌椅板凳布置形式变动的储藏间。地面可以采用复合地板或大理石，墙壁应采用壁纸。宴会厅的灯光照明多采用大型吊灯。由于亮度要求高，还配以其他的辅助灯光如筒灯、射灯、荧光灯等，它们与吊灯分别控制。快餐厅是为了适应当前生活的快节奏应运而生的。"快"是快餐厅室内空间设计的第一标准，在设计时应简洁明快、鲜明活泼，避免过多的层次。一般快餐厅的功能空间主要包括入口、等候区、座席、站席、柜台、配餐间、厨房、收款台和办公室。快餐厅在色调上应以鲜明的暖色为主，如红色、黄色，在采光上应选用造型简洁、现代流行的灯

> 图2-5-5　北京金福农场餐厅

具。餐馆与餐厅是顾客用餐的地方，在进行室内空间设计时应充分考虑到东南西北各地饮食文化的特点，设计出不同的主题和风格。餐馆与餐厅的功能空间主要包括入口、接待区、等候区、座席、单间、存衣间、酒水柜、服务台、洗手间、配餐间、厨房、收款台、职员室和库房。各部分所占的比例分别是：小型餐馆与餐厅座席区、厨房、洗手间和其他所占的比例分别是总面积的50∶32∶10∶8；中型餐馆与餐厅座席区、厨房、洗手间和其他所占的

比例分别是总面积的71：20：5：4；大型餐馆与餐厅座席区、厨房、洗手间和其他所占的比例分别是总面积65：20：9：6。入口处应宽敞，保持人流的畅通。中餐厅和西餐厅的餐桌样式各不相同，一般中餐厅用圆桌，而西餐厅用方桌。餐馆与餐厅的色调一般以暖色调为主，大厅墙壁可采用暖色暗花壁纸，地面可以采用地砖或大理石；照明多用白炽灯，在顶棚内或顶棚上可布置背景光源，整体光线要柔和，呈暖色。单间墙壁可采用壁纸或软包，色调冷暖深浅均可，可悬挂壁饰；地面可以采用地砖或复合地板；照明多采用小型吊灯、筒灯和壁灯，在顶棚内或顶棚上可采用暗藏霓虹灯带。酒吧与咖啡厅是我国近几年来才从饭店、夜总会等娱乐场所分离出来而独立存在的公共休闲娱乐场所，在进行室内空间设计时要把握轻松随意这一主题。酒吧的空间主要包括入口、座席区、化妆间、酒吧台、酒水柜、洗手间、音响区、厨房、收款台、职员室、办公室和储藏库。各部分所占的比例分别是：小型酒吧座席区、厨房、洗手间所占的比例分别是总面积的65：25：10；中型酒吧座席区、厨房、洗手间所占的比例分别是总面积的60：25：15；大型酒吧座席区、厨房、洗手间和其他所占的比例分别是总面积的45：25：30。咖啡厅的空间主要包括入口、衣帽区、外卖口、座席、服务台、餐具区、洗手间、厨房、收款台、职员室和办公室。各部分所占的比例分别是：小型咖啡厅座席区、厨房、职员室和洗手间所占的比例分别是总面积的45：35：10：10；中型咖啡厅座席区、厨房、职员室和洗手间所占的比例分别是总面积的70：15：7：8；大型咖啡厅座席区、厨房、职员室和洗手间所占的比例分别是总面积的60：15：10：25。

> 图2-5-6　丹东天悦KTV

酒吧与咖啡厅的性质决定了空间的处理宜把大空间分成若干个小空间，使顾客产生亲切感。酒吧与咖啡厅家具的造型要简洁明快，主要包括柜台、餐桌、酒吧座和普通座椅。酒吧与咖啡厅里照明要适中，柜台和陈列品要有亮度，酒吧台下要设光源装置，顶部要有悬挂的灯具。

（4）娱乐类的室内空间设计

娱乐类的建筑主要包括量贩式卡拉OK、台球室、夜总会、棋牌室、游戏厅等。它是人们生活中的重要组成部分，在消除人们疲劳和烦恼、增加欢乐和喜悦上能发挥很好的作用（图2-5-6）。

量贩式卡拉OK主要分为大厅和包房两种形式，进行室内空间设计时墙壁一般采用以织物和海绵为主的"软包"，能在一定程度上起到隔音的作用。地面多采用大理石或地砖。卡拉OK大厅设有舞台、舞池、沙发、茶桌和视听设备。包房设有点歌设备、沙发、衣架、茶桌和视听设备，便于客人自娱自乐。

台球这项体育活动在近几年来越来越受到人们的喜爱，在进行台球室室内空间设计时要把握一定的原则，即空间应简洁，环境要安静。

夜总会在娱乐类建筑中占有重要地位。这是因为它包罗万象，包括很多娱乐种类，我们以其中的舞厅为例来讲解它的室内空间设计。

舞厅是娱乐场所，空间设计时应尽量体现出活泼、热烈、欢快的气氛，应有明确的分区，尺度处理应使客人有亲切感。舞厅的空间主要包括座席区、舞池区、衣帽区、厨房、声光控制区、舞台区、卫生间、办公室、配餐区和酒吧台等。各部分所占的比例分别是：小型舞厅，座席区、舞池区、厨房和其他所占的比例分别是总面积的45∶20∶10∶25；中型舞厅，座席区、舞池区、厨房和其他所占的比例分别是总面积的42∶18∶12∶28；大型舞厅，座席区、舞池区、厨房和其他所占的比例分别是总面积的55∶15∶12∶18。舞厅的墙壁和门应采用"软包"，以起到隔音的作用，座席区地面所使用的材料主要是大理石或地毯，舞池区地面可以采用复合地板或大理石。舞厅的灯光照明是十分重要的，使用现代化的手段，选择不同的灯光，可以营造出欢乐和迷人的空间。常用的灯具主要包括激光灯、组合聚光灯、追踪聚光灯、旋转聚光灯、下射筒灯、霓虹灯等。在具体的应用上，如舞池区的顶棚可以选用星光灯；座席区可以选用球形灯；酒吧台可以选用较亮的下射筒灯，便于服务员操作；舞台区应选择聚光灯和下射筒灯。同时，为符合消防的要求，在出入口应设置醒目的指示灯。

（5）居住类的室内空间设计

居住类的室内空间是人们日常活动最频繁的场所，它为人们提供了休息、学习和生活的空间（图2-5-7）。

居住类的建筑空间一般主要划分为卧室、餐厅、起居室、书房、厨房、卫生间等。卧室是睡觉和休息的空间，在布局上应有睡眠、储藏和梳妆部分，在形式上可分为主卧室和次卧室，设计时要以床为中心，制造出安静、舒适和私密的环境。卧室中的家具主要包括双人床（单人床）、床头柜、壁橱和梳妆台等，家具的摆放应按沿墙布置的原则，尽量留出空间以便于活动。卧室的地面多铺设复合地板或实木地板，墙壁可采用暖色的壁纸或乳胶漆。

> 图2-5-7　俄罗斯莫斯科Vidnoe住宅

在照明上为使人感到愉快、平和，宜采用眩光少、半透明、乳白色的灯具。

餐厅是家庭的用餐区，可单独设置，也可在起居室设置一用餐角，就餐区域的尺寸应考虑人的来往和服务等活动。餐厅的地面应选用易于清洁和不易污染的地砖或复合地板，顶棚要选用不易沾染油烟污物的材料。墙壁采用的色彩和花色要简单。灯光照明要有一定的亮度，色调要采用暖色，餐桌上可设置悬挂式灯具。

起居室的特点是它的多功能性，它是一家人团聚的地方，在整个居住类的室内空间设计中占有重要的地位，直接影响整个设计的好坏。起居室的主要用具包括沙发、茶几、电视、音响、灯具和空调等。地面一般选用木地板或复合地板，墙壁可采用壁纸或乳胶漆，并可配以壁画、壁挂、挂画，大小要符合整个居住构图的平衡。起居室是整个住宅的活动中心，在灯光照明上要追求变化，选择灯具时在造型上和光线的强弱上要与室内装修相协调。

厨房的主要作用是解决人们的一日三餐，设计时要考虑到光线充足、通风良好、环境洁净和使用方便。设备和家具的布置应按烹调操作顺序来布置，以方便操作，避免过多的走动。为减少厨房烹饪时产生的油烟，一般在灶台上方设置抽油烟机或换气扇。为卫生起见，地面和墙面选用地砖、马赛克或墙砖。灯光照明以柔和与明亮为主，且应易拆换和维修。

卫生间的主要设施有浴缸、淋浴器、坐便器、洗脸池和洗衣机等。地面一般选用地砖、马赛克或大理石，但一定以防滑为主；墙面选用瓷砖；棚面可用塑料扣板。灯具可采用吸顶灯，且要选择防潮、防水的，洗脸池的上方可设置壁灯。为防卫生间因潮湿而产生霉味可设置换气扇。

（6）办公类的室内空间设计

办公室的布局、通风、采光、人流线路、色调等的设计适当与否，对工作人员的精神状态及工作效率影响很大。过去陈旧的办公设备已不再适应新的需求。如何使高科技办公设备更好地发挥作用，就要求有好的空间设计与规划。

现代办公空间设计要满足五大要素：首先，对企业类型和企业文化的深入理解；其次，对企业内部机构设置及其相互联系的了解；第三，前瞻性设计；第四，勿忘舒适标准；第五，倡导环保设计。

目前，在我国许多企业的办公室，为了便于思想交流，加强民主管理，往往采用共享空间——开敞式设计。这种设计已成为现代新型办公室的特征，它形成了现代办公室新空间的概念（图2-5-8）。

> 图2-5-8　美国波特兰Work & Co办公室

第3章 室内设计往哪里去

3.1 室内设计的研究方法
3.2 室内设计的发展趋势
3.3 欧洲室内设计案例
3.4 大洋洲的室内设计案例——新西兰奥克兰博物馆
3.5 亚洲室内设计案例

"这是一个最好的时代,也是一个最坏的时代"。

——查尔斯·狄更斯《双城记》

这正是未来室内设计行业面临的情况。

1987年张绮曼教授在《建筑学报》第6期发表《室内设计专业设立的回顾》中提到:"室内设计是对建筑技术所提供的空间进行的环境的再创造,包括对建筑空间的调整、丰富和完善。过去叫作室内装饰的工作大多由建筑师兼顾,在建筑的内部表面施以装饰以美化空间。建筑的工业进展促使室内装饰发展成室内设计这一新兴的相对独立的专业学科。"她明确指出了那个阶段室内设计不仅仅是建筑内部装饰,阐明了室内装饰向室内设计的发展趋势。

2000年,同济大学增设艺术设计专业,同时授工学学士和文学学士学位,并且设置了"环境设计"方向。2007年,娄永琪教授给同济大学的环境设计下了这样的定义:"我们的环境设计致力于运用整体的、以人为本的以及可持续的方式来创造和促成一种可持续的'生活空间生态系统'(life-space ecosystem),包括人和环境交互过程中的体验、交流和场所。"❶这个定义也同样极大地扩充了环境设计专业的外延及内涵,作为环境设计下的重要分支方向——室内设计,其发展必将从脱离单纯的建筑内部装饰迈向更为多元化、研究先行的设计模式。

在学术界对室内设计归属学科、包含内容和形式等形而上问题进行激烈讨论的同时,室内设计市场同时也遵循特定的产业规律进行演变,在实践层面与室内设计学科的发展趋势相呼应。目前室内设计市场分成工装市场和家装市场,从国内两个市场近三十年的发展来看(表3-0-1、表3-0-2),随着人们对生活质量要求的日益提高,许多行业顶尖室内设计公司已经进入研究型设计阶段。

表3-0-1 工装市场(1990至今的市场变化)

时间	1990—2004	2005—2015	2016—
主流获客模式	以关系网络为主	关系、广告	价值认同、关系、广告
主流客户需求	以被动式为主,服务于改革开放的酒店、写字楼等一批高端装饰市场	在外资企业引领下逐步规范,建立标准,客户逐步清晰需求	客户更清楚要什么,需要的不仅仅是空间
主流客单价	高	竞争逐渐激烈,客单价下降	更透明、更规范
主流获利方式	信息不透明	二次经营	二次经营及透明化经营
战略与组织特点	粗放型市场。中国现代装饰行业的起步阶段。高端市场由香港和台湾公司引领	跨区域、跨业态,出现了产值过百亿的龙头企业,大部分以业务接到后分包为主流模式	专注、核心竞争力、业务策略、战略能力、组织能力越来越重要,好公司的时代要来了

---

❶ 娄永琪,Pius Leuba,朱小村.全球知识网络时代的新环境设计//娄永琪.环境设计[M].北京:高等教育出版社,2008:102.

表3-0-2 家装市场（1990至今的市场变化）

时间	1990—2004	2005—2015	2016—
主流获客模式	需求很少	广告	价值认同、社群运营
主流客户需求	基本以贴砖、木地板，刷乳胶漆，现场打柜子四个为主要需求	针对设计有了初步的要求，从比美观往比豪奢的趋势发展	注重生活方式的表达且更注重内心的愉悦及自在的感受
主流客单价	低	竞争逐渐激烈，出现了高中低三种不同类型的需求及公司	能充分满足客户需求的室内设计，对标客户对价格不敏感，市场成熟度日渐提升
主流获利方式	以个人请师傅直接做的方式为主	半包+二次经营+材料回扣	透明化经营，一分钱一分货
战略与组织特点	很少的竞争者，包工头形式的市场状态	跨地区、规模化，设计作为市场获客的主流模式	全过程的彻底解决方案以及美学思维、供应链的整合能力

从学科和市场两个层面，不难看出未来可能发生的新需求和新变化：

① 商业迭代带来大量新需求，需要设计师不仅擅长空间美学设计，而且要求有提供解决方案的思维和能力，空间和商品陈列如何与消费者共情，这些都需要消费心理学知识的支撑。

② 房产市场的消费者的需求，如"跟谁住一起"以及"我要怎样的生活方式"大多数未被满足，目前仅仅贩卖居室面积的概念需要升级。

室内设计师在顺应这种新趋势时，需要提升自己的某些思维或能力：

① 室内设计师需要加强商业策划的能力。

② 室内设计师更需要加强行为心理学的学习，比如了解某个特定社群的十二个时辰是如何度过的，以及能够占领心智的方法是什么。

③ 室内设计师更应该通过掌握科技和艺术方法，去驱动空间的方法和逻辑。

④ 室内设计师应该充分了解到，未来设计力、场景流、人格化、混合力四位一体的趋势或者需求。

设计力实际上指设计商业模式、设计品牌代表的态度、设计盈利能力和希望用户感知的部分，同时还关注设计用户的交互体验跟用户心理的变化。

场景流包括很多流动，有情绪的流动，有商家想要给消费者更多信息的流动，也有所谓的大数据和空间的流动。

人格化，简单一点来说建立人设，即品牌在用户心中是什么样的形象。

混合力，简单来说就是无边界，目的是打造生活方式。要去思考用户的十二个时辰如何精彩度过，不同的场域会有怎样不同的需求，应该有跨界的思维关照到好用户的时时感受。

3.1　室内设计的研究方法

现在，人们生活方式的多样化导致生活、工作以及娱乐之间的边界越来越模糊，未来城市中的建筑和空间不再是按照单一的功能来实现，构建适应性强的空间，使得建筑物能够随着变化的需求进行调整，从而达到灵活性和多样性将会是未来空间设计的制胜关键。面对新趋势，室内设计的研究方法也发生了新的变化。

研究设计是为了寻求研究问题的答案而建立的框架。如今的室内设计专业更专注于知识，管理知识的能力在团队办公中越来越重要。当前，室内设计研究的开展主要取决于客户的态度。客户有三个基本问题：质量、进度和预算。而这三个基本问题的解决建立在系统的调查、信息收集和测试之上。

对室内设计项目来说，每个设计都是一个假设，至少有两条路线可以确定设计研究：

① 设计评估：设计评估从复杂的方法到模拟，提供了设计过程和实践过程的反馈。
② 理论指导：设计理论或概念的发展基于学术研究的回顾。

这两类研究都可以帮助设计师产生新的想法和方法来确定设计问题。

研究越来越成为室内设计实践不可分割的一部分。研究设计为设计团队带来的好处包含：
① 使诊断客户需求的能力增强；
② 更精准地改进设计方案；
③ 开发以设计为中心的知识库，作为任何决策过程的基础；
④ 能够从以前的项目中向客户提供有效的数据；
⑤ 不断改进测量标准，决定如何使用获取数据；
⑥ 计划控制设计前后阶段和随时准备应对可能的设计变更。

我们可以从实际的案例（表3-1-1）看研究方法对决策过程产生的积极影响。两个案例（同样的主材）通过相同的路径（理论研究—概念确定—设计意向—室内设计方案），却生成了气质完全不同的空间，设计团队正是在研究阶段（根据不同的商业目标+受众特点）确定了不同的设计策略，才更精准地生成了设计概念。

表3-1-1　案例比较（不同设计策略、相同材质及设计呈现）

设计案例	商业目标	受众（受地域性影响较大）	关联意象	主要材质运用手法		空间气质
				竹	木	
云亭艳域餐厅	打造高端餐饮品牌形象，培养客户黏性（回头客）	项目位于上海静安区沪上甲级写字楼，消费人群以都市白领为主	云之韵花之影	"游鱼"（悬置），让空间显得梦幻缥缈；羽毛装饰（壁挂）	"云板"，通过参数化设计形成韵律与轻盈并存的拱门形式	梦幻、迷离、惊艳的空间
月印万川售楼处	展示房产品牌的文化内涵，促成客户消费行为（一次性）	项目位于武夷山附近，力图打造定制度假生活社区，消费人群为经济实力雄厚的高收入人群（第二套度假休闲房产）	山居生活	抽象简洁的竹编装置（悬置）体现武夷山禅茶文化隐逸气质	以垂直和水平线条组合的格栅体现"正清和雅"的品格	优雅、中正、理性的诗意

注：竹/木 列归属"编织艺术品"与"功能型隔断"。

案例一：竹木交织创造的幻境（云亭艳域餐厅）

　　云亭艳域餐厅是面向上海年轻白领的高端餐厅，设计师通过对客户需求及偏好的判断，对餐厅菜品特色（云南菜）的理解，确定了关联意向为"云之韵、花之影"。餐厅运营的最终目的是建立品牌的固定形象，并且较好地培养顾客对品牌的黏性消费。设计团队通过对上述因素的评估完成了设计策略研判——需要体现极强的地域特色、创造令人惊艳的视觉形象以及运用高科技手段形成新奇的形式（图3-1-1）。其中地域特色通过材质（竹和木）体现，惊艳的视觉形象则通过大型的装置艺术品体现（图3-1-2），同时采用参数化设计的技术生成了特殊的隔断"云板"，层层叠叠的云板与镜面组合（图3-1-3、图3-1-4），加上游弋在空中的竹编大鱼装置艺术以及悬置的花海（图3-1-5），共同打造出梦幻、迷离、惊艳的空间气质。

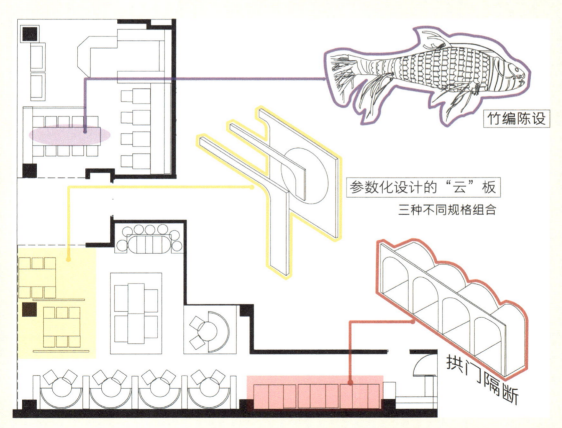

> 图3-1-1　参数化设计的云板隔断和夸张效果的竹编艺术品

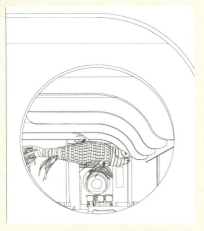

> 图 3-1-2 游弋在空中的大鱼陈设

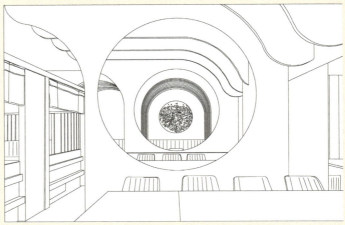

> 图 3-1-3 云板隔断创造出空间堆叠的迷幻感

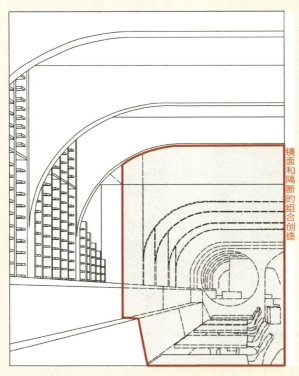

镜面和隔断的组合创造

> 图 3-1-4 利用镜面打造魔幻效果

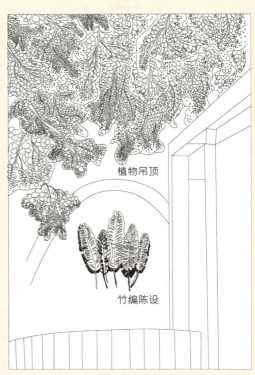

植物吊顶

竹编陈设

> 图 3-1-5 植物吊顶体现花的主题

案例二：竹木合奏生发的诗意（月印万川售楼处）

月印万川售楼处是位于武夷山附近的售楼处，该项目的销售产品（房产）决定了空间更多地需要体现房产品牌的内在气质，及其背后隐含的符号意义（优雅、中正，符合中产阶级对中国式理想生活的想象）（图3-1-6）。虽然同样用到木隔断，但是木隔断主要以垂直与水平线条构成，室内家具的选择也体现了较为稳重大气的样式（图3-1-7）；室内采用竹编的装置艺术，但是与云亭案例不同的是，采用的是抽象简洁的造型（图3-1-8），整体空间体现了武夷山禅茶文化的隐逸气质。

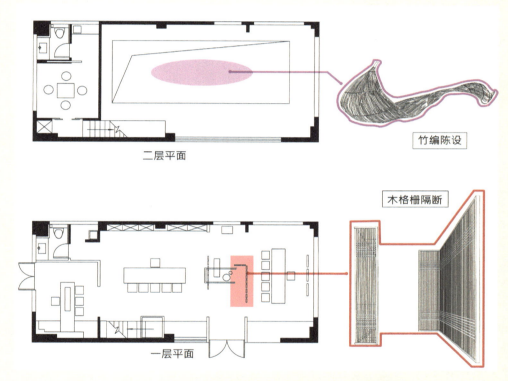

> 图3-1-6 茶室中木格栅体现理性秩序感和抽象简洁的竹编陈设

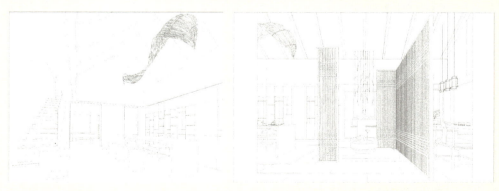

> 图3-1-7 室内场景之一　　　　　　　　> 图3-1-8 室内场景之二

3.2 室内设计的发展趋势

室内设计作为人类生产生活的重要场景载体的设计，既受到形而上的新观念的影响，又受到形而下的新技术、新材料等物质技术发展的影响；同时，解决问题作为室内设计的基本属性，使得室内设计必须关注社会发展中出现的各种热点问题，比如可持续发展、老龄化、性别平等。

3.2.1 可持续室内设计

2020年肇始，席卷全球的新型冠状病毒肺炎疫情、引发考拉功能性灭绝的澳洲大火、诱发大面积粮食危机的非洲蝗灾等接连不断的灾害，迫使人们再次思考自身在生态系统中应担负的责任与义务，再次反思工业文明将自然仅仅看作可消耗的外部资源等偏颇的观念。

事实上，自思想家和生态学家提出生态文明的概念以来，人们已经开始意识到从工业文明到生态文明的文明形态的更替所代表的重大经济社会转型，是人们应对"不可避免性挑战"[1]的必由之路，这种转变随之带来的是在经济社会发展方式、生活方式与文化学术上的必要的重大调整。可持续室内设计正是在上述观念影响下产生的，并且越来越多的机构与甲方开始运用各种评估工具对室内环境的可持续性进行设计指导与客观评价。

（1）主流生态室内评估工具

早期的室内环境评估指标多融合在绿色建筑评估体系中，例如1993年美国绿色建筑委员会（USGBC）发布的LEED绿色建筑评估体系。LEED评估体系分为九个部分，其中之一就是室内环境质量。

另一个广受国际认可的室内环境评估体系——RESET健康室内标准，是以室内空气质量评估为主要目标的。RESET健康室内标准是2009年由英国循绿公司发布的一套透明的评估体系，并且已经得到了国际的广泛认可。该评估方法对室内的界面材料、家具进行详细的分项计算，而且该评估的进行充分利用了网络平台与智慧终端，很多项目可以通过相应的手机应用端进行查询与展示。

2006年由我国建设部发布的《绿色建筑评价标准》中，4.5和5.5章节是针对室内环境质量的评价指标，其中包含了室内噪声级和构件隔声量、采光与视野、室内照度水平、遮阳措施、热舒适度控制、自然通风、室内空气质量监控、室内气流组织及污染物浓度的参数评估，以客观参数测试和措施符合性验证为主。2019年住建部已经发布了新的《绿色建筑评价标准》，评价指标体系开始强调使用者对绿色建筑的体验感和获得感，引入了"提高与创新"

---

[1] 周海林著《可持续发展原理》（商务印书馆，2006年）第627页提到，"不可避免性挑战"是指由于人类发展所形成的挑战，如由工业生产的发展造成的能源危机、资源匮乏，这种挑战是难以避免的，因为相对于特定生产方式而言，对地球所需的特定资源必定是有限的，即使再节约也会用光的。这种挑战具有必然性，不是通过对人类活动加以调控就能解决的。

的加分项，通过不同版本的指标演变，我们可以明显地感受到这种趋势，即随着"主动健康"观念的提出及对健康观念的深入理解❶，以保障使用者身心健康为目标的各类评估体系开始出现。

1）Fitwel认证标准（Fitwel Certification）

Fitwel是由美国通用服务管理局（General Services Administration，简称GSA）和美国疾病控制与预防中心（Center for Disease Control and Prevention，简称CDC）共同制定的一种健康建筑认证标准，并于2016年5月30日由非营利组织活动设计中心（Center for Active Design，简称CAD）推行。

与以往的评估体系不同的是，Fitwel评估是一个动态评估，指标体系中还涉及关于建筑运营及管理的内容，建筑管理者如果依据指标内容对建筑内部设计、运营和服务进行相应调整，积分卡分值变动后可以提升认证等级。

Fitwel的指标体系共十二个部分，其中入口和首层、楼梯间、室内环境、工作区域、共享空间中均是对室内环境的评估，而对使用者身体活动和精神休息区域的评估涉及美学评判的内容。

2）WELL建筑标准

WELL建筑标准是在2014年由专门的公益型研究机构国际WELL建筑研究所（IWBI）发布的。该标准被美国绿色建筑认证协会GBCI认可，两者联合发布友好合作关系的声明，并且共同进行相关建筑的认证工作。

WELL建筑标准分成现有建筑及新建建筑评估、全新室内设计和现有室内设计评估及核心与外壳评估❷，其中与室内环境评估相关的指标共九十八项。

WELL建筑体系的指标分为七大类，分别为空气、水、营养、光、健身、舒适、精神。指标体系的确定有大量的医学专家参与，因此很多指标是评估与指导如何从医学的角度设计对人体健康最有利的建筑。

其中涉及室内环境评估的指标在七个部分中的分布各不相同，有些与之前的LEED、RESET及国内绿色建筑评价标准指标相重合，有些则相当具有创新性。如精神指标部分共十九项，其中七项指标涉及室内环境的评估，包含适用空间、睡眠空间、个人健康设备、美学和设计等内容，尤其值得注意的是美学与设计指标出现了Ⅰ和Ⅱ共两个层次的细分指标。

通过前后不同阶段评价指标体系对比，指标的前后变化体现出了评估体系设计者的观念转变。首先，是对可持续室内环境的深层理解，室内生态性不仅仅是对周围环境的友好，还必须对使用者友好；室内环境生态性离不开使用者可持续的运营，因此除了创造安全生态的室内环境，还需要引导使用者的"主动健康"行为（包括身体、精神与道德）和空间运营的可持续性。因此后期优化过的评估体系中添加了相当多的美学及管理指标。

将前后美学指标进行比较发现：

---

❶ 健康是指一个人在身体、精神和社会等方面都处于良好状态，不仅仅指人体各系统具有良好的生理功能，还要具备健康的心理、良好的社会适应性和道德。

❷ 核心与外壳评估主要针对出租使用的建筑。

① 从局部形式美的判定转向整体性的氛围塑造。LEED的第一版中涉及室内环境美学评价的指标只有"视野景观是否最大化",仅从视觉美角度对室内环境美学质量进行评价。这是基于传统审美观外在的以视觉为主的审美对象而来的。然而在近两年出现的Fitwel、WELL健康建筑评价体系中,对室内环境的美学评价涵盖了人们的多类感官感受,直至行为和道德层面,这种基于整体性的审美判断是生态审美的基本特征。

② 指标体现出更为明确的"规范性审美"倾向。优化过的指标体系增加了大量美学评价的指标,如WELL建筑评价体系增加了两个层次的美学与设计指标,但是这些美学评判的前提是室内环境的各物理指标均已达标、不会对周边环境和人体产生危害,否则美学评价指标分数再高也不可能提升最终的认证等级。在优化的指标中也出现了"去人类中心倾向",如WELL建筑评价指标中出现了"是否有利于培养利他精神"的指标。

(2) 相关案例——历经多重评估的高觅上海办公室

高觅是美国的一家工程公司,它在上海的办公室体现了可持续的最新理念,并且通过了生存建筑挑战(Living Building Challengue,由国际未来生存研究所认证)的全系列认证(表3-2-1)、最新版LEED 4.0商业室内项目的白金认证、RESET认证以及铂金级WELL认证。

这一项目展现了世界上最先进的可持续建筑的技术,并由Glumac的工程师、Gensler的建筑师、承包商Shimizu、绿色材料顾问GIGA和国际未来生存研究所(International Living Future Institute)共同合作完成。

项目位于长宁区愚园路上的嘉春园区。园区内的建筑建于1912年,曾经是洛克菲勒家族的度假公馆。在随后的100多年里,这栋建筑多次更换主人,在2011年,一个私营的开发商获得30年的使用权,将建筑改变为商业办公用途,而Glumac选择了建筑三楼一半的楼面作为新办公室。

表3-2-1 生存建筑挑战认证

指标项	项目采用的具体措施
能源	① 项目首先提升了维护结构的保温性能。该建筑建于100多年前,原本屋顶为木板,木板间有不少缝隙。项目采用了道康宁的保温板和保温棉,铺设在原屋面之下。这种材料很薄,但保温性能极佳,显著提升了建筑的保温性能 ② 项目也尽量采用自然采光,减少人工照明。开放式办公空间利用墙面上的窗户直接采光,而靠着阳台处的多功能空间安装了智能夹胶玻璃的落地门和窗,可以在无线遥控器的控制下改变透明度,以达到通透或遮阳的效果。夹胶玻璃也提供了更好的保温和隔声效果 ③ 在设备的选择上也尽量采用低能耗的产品和设备。项目的照明全部采用了可调节亮度的LED灯具,并配置了感应器,以减少能源浪费。会议室的照明匹配了无线控制器,使得照明的调节更加容易。经过合理照明设计,照明的能耗仅为2瓦/平方米 ④ 项目采用了地面辐射供暖/供冷系统。项目的室内空间较低,地面辐射供暖/供冷能够减少暖通空调系统对于室内净高的占用。这也是一个全被动的系统,提供了较高的舒适性,能够减少空调和风扇的能耗 ⑤ 为了实现净零能耗,项目在屋顶上安装了太阳能光伏发电板,项目最初完工时总计182块,达到45千瓦,每年的发电量达到53000千瓦时,发电系统连接上了电网,在白天的发电高峰将多余的电力输送至电网。全年的发电量能够满足整个办公室的电力需求

续表

指标项	项目采用的具体措施
材料	① 项目的选材需要完全满足生存建筑挑战的要求，生存建筑挑战认证禁止建筑材料中包含石棉、甲醛（对人体健康有害）、氯氟碳化合物（温室气体的一种）等成分。所用的材料需要提供原材料、化学添加物、产地信息和产品证书，并需要就近生产，不能使用进口产品。团队花了很长的时间选择和研究材料，并与供应商紧密合作。项目原本选择一款得到LBC认证的国外智能玻璃，但为了达到本地生产这一目标，团队与国内的厂家合作生产了一款替代产品 ② 办公室的墙面装饰和橱柜都使用了麦秸板，这一材料由麦秸经过高温压制而成，很少使用胶水，因此避免了甲醛。而且，这一材料是在上海周边生产的。项目中的其他材料也很环保：地毯用回收的材料制成，家具中使用的木材使用回收的木材制成
碳足迹	项目目标实现净零碳，绿色材料顾问GIGA对于项目使用的材料进行了碳足迹的计算，尽量使用隐含碳较低的材料，并且在计算后，购买了碳补偿以抵消碳足迹
室内空气质量	本项目采用了三层过滤的系统，包括一个MERV8滤网器、静电过滤器和MERV15过滤器，有效地降低了室内的PM2.5的浓度，并且也降低了室内空气的湿度。此外，室内也安装了监测装置，监控PM 2.5、二氧化碳、温度、湿度和挥发性有机物（VOC）等。空气过滤系统的效果非常成功，显著地降低了室内PM 2.5的含量
净零水消耗	① 项目与业主协商，使用了地下室的30立方米的水箱储存雨水。整个净化过程不含化学物质，能够100%地利用雨水。项目每年能够循环利用约500立方米的雨水，而厕所每年需要200立方米的水，剩余的水可以用于园区内绿化和植物的浇灌 ② 厕所也采用了节水洁具，男厕所的小便斗是一种新型无水小便斗，水池的水龙头也是节水型的。项目采用了堆肥厕所，其每次冲水只需要0.2升的水，并且没有臭味，而普通的厕所则需要4.5升的水。堆肥装置使用两个风扇、一个加热器、两个恒温器以去除废物中的水分，经过6个月的发酵，废物就成为了肥料
建筑设计	项目在设计上也非常具有特色，一踏入办公室就能感受到公司独特的企业文化——一种美式的、轻松自然的创意设计公司的氛围。白色绿色相间的防火聚乙烯装置仿佛"云"从柱子上升至天花板，创造出了动态感。麦秸板、室内绿色植物以及可再生木材的家具为办公室带来了自然和温馨的氛围。屋顶横梁上写着"GREEN BUILDING THAT WORKS""THINKING INSIDE THE BUILDING"等标语，代表了Glumac的工程设计理念。办公室内也配备了许多关于材料和项目新技术的介绍，这就是一个活生生的可持续建筑设计的教科书——给参观者和潜在客户提供了绝佳的展示

高觅上海办公室还获得了铂金级WELL认证，相关评价指标如下（表3-2-2）。

表3-2-2 铂金级WELL认证

指标项	项目采用的具体措施	健康意图
空气质量标准	办公室采用三级空气过滤系统，其中包含MERV 8的初效过滤、静电除尘滤网以及MERV 18终极过滤器。在没有独立空气净化器的情况下，也能保证室内PM2.5数值在15以下，PM10数值在50以下 除去颗粒物数值，高觅也很在意工作环境的气味及净化的体验，所以在空气过滤系统的最终端放置了双极离子净化器。使用正负离子是大自然的净化空气的方法，在去除室内空气中的TVOC、臭味以及细菌的同时还原大自然原始气息，能使员工在更舒适的环境中工作（图3-2-1）	确保基本达到高水平室内空气质量

续表

指标项	项目采用的具体措施	健康意图
辐射热舒适	某些传统风系统会不可避免地带来一些不适感，在于风口直吹的位置吹风感强，使员工感觉过冷或过热，而距离风口远的位置则正好相反 高觅上海办公室使用辐射系统代替传统空调系统，使室内地表温度均匀，空间温度场域分布合理，提高人体感知舒适度，减少了局部过冷或者过热的困扰。除此之外，辐射系统的冷、热稳定性更强，由于地面及混凝土层中蓄能量大，冷、热稳定性好，因此即使在间歇运行的条件下也能保持室内温度	通过将辐射供暖和供冷系统纳入建筑设计中，实现建筑面积最大化，减少尘埃传播并提高热舒适
室内产生的噪声	长期处于噪声环境可能导致心理和生理疾病。高觅上海办公室采用辐射制冷暖系统，避免了来自风系统的噪声影响，并且专门为打印间设置了高性能双层玻璃门，从而进一步降低了室内背景噪声 此外，办公室还采用吸音材料，能有效降低室内背景噪声。测试结果显示，开敞办公室内背景噪声为35NC，会议室背景噪声为25NC，满足WELL要求数值	减少来自内部噪声源的干扰，增加语音隐私
人体工程学：视觉和生理	久坐已不仅仅影响外形的美观，还会对身体健康带来不可估量的危害。高觅上海办公室提供高质量可调节座椅，修复员工的疲劳度以及反复动作引起的损伤，减轻员工的疲劳。这不仅仅是高觅对员工的关怀，更意味着员工能够获得较佳品质的工时，相对延长、可导致更佳效果的工作表现，以及更低的医疗成本。可调节工位可以让员工在工作中站立且无须离开手头上的工作，帮助他们提升生产力	减少身体劳损，最大限度地提高舒适性和安全性
采光权	光照方面，将开放办公区安排在靠窗区域，使所有的工位都在距窗户7.5米的范围内，让大多数员工能享受日光和户外的景色，最大限度地利用自然采光以达到最佳照明效果，同时减少白天人工照明的需求	通过限制工位与窗户或中庭的最远距离，帮助接触日光和看到不同距离的风景
美学和设计 I	高觅上海办公室融入了中国文化设计元素，例如传统的"福云"（图3-2-2）。前移门和家具寓意吉祥和幸福，大量的自然元素也运用在了设计中。等候区的纯木质前台、裸露在外的麦秸秆表面、遍布整个办公空间的盆栽、中庭的竹子以及绿色的家具和装饰让整个办公室透露出自然清新的感觉，促进员工的身心健康（图3-2-3、图3-2-4）	精心创造独特且富有文化的空间
营养信息	餐厅区域为员工提供了良好的饮食环境。此外，高觅上海办公室鼓励健康饮食，提供低糖健康食物，并标注营养信息表及过敏原，鼓励员工用心饮食，在休息之余相互交流	帮助住户有参考地选择食物
健身器材	运动空间的设置可为员工提供有组织和方便的健身机会。员工能够在工作间隙舒展身心，养成规律的锻炼习惯，保持健康从而降低疾病风险，以充沛的精力面对新的挑战。除去提供肌肉训练和有氧运动的器械，公司每周聘请瑜伽教练提供课程，帮助员工调整平时因不良坐姿而变形的体型以及舒缓来自工作和生活的压力	可以免费进入场地并使用场地内健身器材，推广心肺锻炼和肌肉强化锻炼

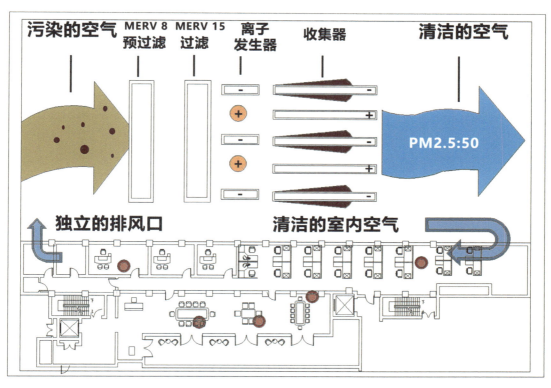

> 图 3-2-1 采用了三层过滤的系统,有效地降低了室内的PM2.5的浓度(绘制:王燕)

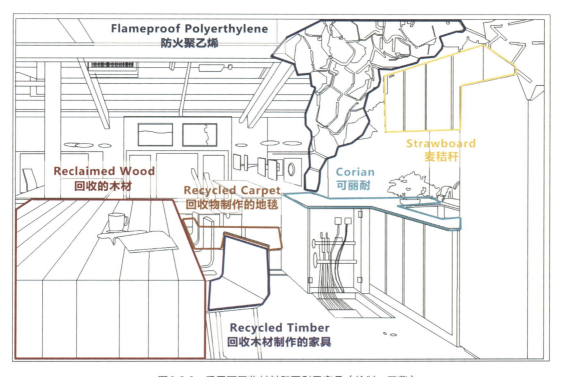

> 图 3-2-2 采用可回收材料和再利用家具(绘制:王燕)

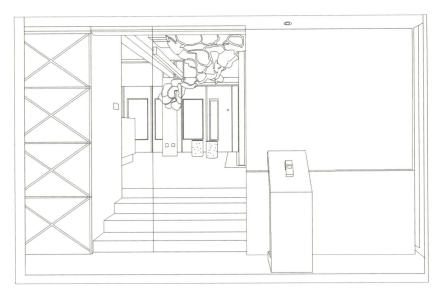

> 图3-2-3　室内场景（绘制：王燕）

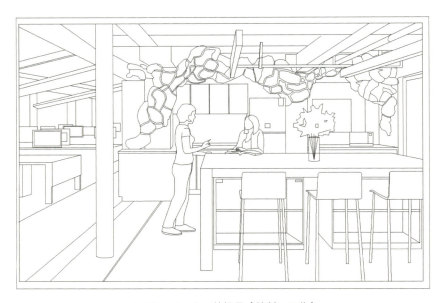

> 图3-2-4　入口处场景（绘制：王燕）

3.2.2　适老型室内设计

　　国际知名的学术期刊《自然》与《柳叶刀》分别设立了子刊《自然·衰老》与《柳叶刀·健康长寿》，这标志着全球健康老龄化研究都按下了"快进键"，老龄化日趋严重已经成为全球共同面临的热点问题。2019年，根据世界银行统计，世界上年龄大于65岁的人口数量约占人口总数的9.1%，大部分国家老年人口占比都呈快速上升的趋势。其中老龄化问题最严重的国家为日本，该比例为28%；其次为欧洲大部分国家和加拿大，老年人口占比均在

20%左右。这项数据在中国为11%，但是考虑到新中国成立后的出生潮以及近年逐渐下降的出生率，未来几年中国的老龄化人口比例可能会出现急剧上涨。比起年轻人，老年人在身体机能和精神认知上都有所衰减。面对占比越来越高的老年人口，适老化设计是养老机构、住宅乃至城市公共空间中必须要考虑的问题。而且，对于行动范围受限较多的老年群体，室内空间的适老化设计显得尤为重要。

（1）适老化设计的现状

1）国外发展现状

大多数发达国家在20世纪60、70年代已经步入老龄化社会，政府及相关组织对适老化设计的研究都起步较早。如1982年维也纳老年问题大会发布的《维也纳老龄问题国际计划》就提出"应设法使老年人能尽可能在其自己的家里和社区独立生活，老年人的住处切不可被视为仅仅是一个容身之地。除物质部分外，它还有心理和社会的意义应予以考虑"。[1] 英国于20世纪50年代提出养老服务的社区照顾模式，随后被众多的欧美发达国家所借鉴，成为了解决养老问题的首选模式。其中，以英国、美国、德国及日本的养老模式较为成熟，适老化室内设计的研究与实践较为丰富。

国外的养老设施按照机构类型不同，室内空间的组合形态也各有千秋，出现了许多优秀案例（表3-2-3）。

表3-2-3 国外优秀养老设施

案例	地点	特点
中泽老年设施	日本东京	① 集老年住宅、社区医疗、短期照护等功能于一身的综合型老年设施； ② 养老运营方常与专门的医疗机构结合，以提供更专业更细致的服务； ③ 住宅部分的公共空间和老年设施的公共空间合并，方便健康老人与被护理老人之间交流； ④ 护理单元营造家庭生活氛围
Löjtnantsgården老年公寓	瑞典斯德哥尔摩	① 尽可能地通过最佳的护理、关怀和人居环境互动来实现老人有尊严的生活； ② 圆形的庭院保证了每个房间都能有宜人的观景视角，庭院绿化保证每位老人都能触摸到； ③ 室内设置转角窗，便于护理人员进行观察； ④ 室内新家具与老人从家里带来的老家具相结合，照顾老人的怀旧心理
圣安德鲁老年公寓	西班牙巴塞罗那	① 最大限度地利用自然采光； ② 良好的景观视野； ③ 各空间之间灵活分割； ④ 相邻空间的光线互借
锡尔克堡老年公寓	丹麦	① 室内设置通长型"H"形导轨，可以实现对卧床老人从卧室到卫生间及出口的移动；导轨悬挂装置收纳于墙体中，避免"医院化"； ② 墙体上方预留放置和通过导轨所需要的距离，对接紧密； ③ 采用最方便使用的滑动式卫生用具； ④ 使用方便升降的家具和可拆卸的隔墙

---

[1] Peter Lansley, Susan Flanagan. Assessing the adaptability of the existing homes of older people[J]. Building and Environment, 2005: 56.

2）国内发展现状

联合国于1956年发布了《人口老龄化及其社会经济后果》，其中对老龄化社会的标准定义为：一个国家或地区65岁以上老年人口数量占总人口比例超过7%就意味社会的老龄化。1982年维也纳老龄问题世界大会将划分标准重新定义为：60岁以上老人占总人口比例超过10%就意味着该国或地区进入老龄化。而我国在1999年60岁及以上老年人口就已突破10%，这意味着我国迈入老龄化社会已经有十余年。

我国的养老模式共经过了四个阶段（表3-2-4）。

表3-2-4　我国养老模式的四个阶段

新中国成立初期到改革开放	城乡分割的福利制度与家庭养老为主 在当时的福利制度政策框架下，除城乡孤寡老人外，绝大部分老人都由家庭养老
改革开放到2000年	社会福利化推动养老服务走出家庭 养老不仅仅是家庭功能，一些沿海发达城市出现了以提供"养老服务"为功能的居家社区服务
2000—2013年	社会养老服务体系明确家居、社区和机构三种养老模式 "养老服务"被认可到频繁出现在政策文件和发展规划中
2013年至今	养老服务业不断推动养老模式多样化 截至2017年年底，我国社会力量办养老机构数占比达到45.7%，满足了多层次多样化的养老服务需求

虽然目前我国的养老模式仍然主要以居家养老为主，但是多样化的养老需求不断促使更多高品质的养老服务空间产生，从而推动了相关的养老空间设计研究的深入及相关标准的提升（表3-2-5）。

表3-2-5　我国相关养老空间设计研究成果

作者	研究成果	时间	研究内容
元育岱	老年人建筑设计图说	2004	阐述了老年建筑设计的规范要求、建筑设备与室内设施等，并展示了大量老年建筑设计实例
周燕珉	住宅精细化设计	2008	其中"老年住宅"一章，以老年人对居住环境的需求为出发点，对老年居室的空间设计和设备选型进行总结
周燕珉、程晓青、林菊英、林婧怡	老年住宅	2011	通过对老年特征及居住环境需求的研究，提出老年住宅的通用设计及套内各空间设计
凤凰空间·北京	夕阳无限：世界当代养老院与老年公寓设计	2013	书中图文结合，对欧洲、美洲、亚洲及大洋洲的实际养老设施案例进行详细介绍
袁昕、袁牧、王建文、刘佳燕	健康中国幸福养老	2017	清华养老产业高端论坛文集，通过趋势篇、探索实践篇、规划设计篇等三部分积极引领养老产业发展、构建养老产业平台、推动养老产业落地

（2）适老化设计的相关规范

1996年8月《中华人民共和国老年人权益保障法》颁布，此后国家和地方出台了一系列的涉老政策和设计规范，这些规范可以分为三类：政策标准、规划标准及设计标准（表3-2-6）。

表3-2-6　涉老政策及设计规范

类型		名称
政策标准		《无障碍设计规范》GB 5763—2012，第2部分：老年人和残疾人的需求
规划标准		《城市居住区规划设计规范》GB 50180—2018
		《城市公共设施规划规范》GB 50442—2008
		《城镇老年人设施规划规范》GB 50437—2007
设计标准	分类设计标准	《老年人居住建筑设计规范》GB 50340—2016
		《住宅设计规范》GB 50096—2011
		《养老设施建筑设计规范》GB 50867—2013
	专用建筑标准	《社区老年人日间照料中心建设标准》建标143—2010
		《老年养护院建设标准》建标144—2010
	设备配套标准	《养老住宅智能化系统建设要点与技术导则》2011

对现有规范的解读能够增进设计者对养老空间必要条件的了解，但是设计者还需要在三个方面继续深入才能真正地理解和设计出适用的养老空间：① 增加对案例的实地考察，理解规范中所提的要求；② 探讨设计按功能模块设定及定制类空间的运营模式进行规范；③ 通过使用后评估获取信息，获取已有规范尚未覆盖部分的有效数据和意见。

（3）适老化设计的特点

老年群体在生理机能和形态上的老化逐渐显现，外界适应能力也降低了，并且由此带来了一系列设计心理方面的变化。这使得适老化设计相较其他设计有明显的特点。

1）注重细节设计

与其他年龄层次的人相比，安全性是老年空间首要考虑的因素，这是因为老年人生理机能衰退，自我防护能力下降，面临危险系数逐渐增大；但同时在心理层面，老年群体又有极高的被尊重需求，因此在室内空间的设计中要避免"医院化""机构化"，将防护性、辅助性设备及措施通过细节设计与空间巧妙结合，避免伤害老年人脆弱的自尊心。

注重细节设计在许多国家的适老化设计安全清单中体现得尤为突出。1984年，瑞典提出了"终身住在自己家"（boende pegna villkor）的方针，这也是瑞典老年住宅改造事业的开端。Seniorval.se是瑞典最大的搜索和信息服务机构，该机构列出的安全清单涉及居室的每个角落，通过细节的处理尽可能地消除老年人摔倒的隐患（表3-2-7）。

表3-2-7 瑞典适老化改造内容

名称	内容
照明	确保家中照明良好
	当老人进入一个房间时，灯会自动亮起
楼梯和门槛	去掉门槛
	楼梯两侧都有扶手
	在楼梯上有良好的照明
	用对比色或防滑胶带标记尽端的台阶
地板	地板表面可以自由移动家具
	地板上不堆放杂物
	没有松散的电缆
	在地毯下面放一块防滑垫
浴室	在浴缸或淋浴时使用防滑措施
	在浴缸或淋浴和厕所安装支撑手柄
	如果老人有浴缸，请考虑安装淋浴，可以使用带支撑手柄的淋浴凳
	确保浴室地板防滑
	将肥皂、洗发水和毛巾放在触手可及的地方，不必拉伸身体去拿常用物品
卧室	如果老人需要晚上下床活动，请确保有照明
	不要把床罩、枕头或床单放在地板上
厨房	将老人经常使用的东西存放在易于触及的货架上
	如果需要拿任何物品，请使用带把手的梯子，永远不要站在椅子上
电话和安全警报	如果事故发生，请确保始终有近距离通信的方式
	将紧急号码做一个大标记并将号码保存在手机中
入口和楼梯	一定要在家门口有良好的照明
	在楼梯和台阶处设有扶手
	如果需要休息，可以放一条长凳
	如果老人住在一个多户住宅，可以与市政当局负责住房适应的人员沟通，并询问是否有可能进行改善
智能产品和辅助工具	使用智能产品和简单的工具，使日常生活更轻松，并降低跌倒的风险
	使用防滑且牢牢固定在脚上的优质室内鞋
在日常生活中	将老人经常使用的东西放在易于取用的地方。如果老人需要接触高处的物品，请记住不要站在普通椅子上，而应使用带把手的梯子
	避免清洁窗户、更换天花板上的灯泡或安装窗帘
	不要带着老花镜在家里走，这会使距离判断更加困难
	如果老人有平衡或头晕的问题，请在室内使用助行器
切记	宠物很棒，但有时可以逃脱。在统计数据中，宠物与许多案件有关
	在日常生活中进行小幅调整并不意味着限制老人的活动。事实上，它可以给老人更大的自由和独立性

德国的住宅适老化改造也有类似的清单，为设计者提供详细指引（表3-2-8）。

表3-2-8　德国适老化改造内容

名称	内容
进入公寓	没有门槛
	楼梯有升降机或其他解决方案来克服高差
	楼梯两侧都有扶手
	阳台或露台可以无台阶进入
	走廊是否宽120厘米，以便老人可以舒适地移动或步行
	铃声可以听得见
浴室设备	浴室设有易于到达的地面淋浴间，如果没有，浴室可以轻松改造出淋浴间的空间
	淋浴间有折叠式座椅
	浴室有把手或墙壁坚固可以安装把手
	通过贴纸或安全浴垫减少淋浴或在浴缸滑倒的风险
	马桶座的高度合适
	能舒服地坐在梳妆台前，然后照镜子
	浴室门可以向外打开，在紧急情况下从外面解锁
	在马桶和洗脸盆前面是否有至少120厘米×120厘米的移动区域
厨房设备	厨房有座位
	具有方便轮椅使用者操作的台面和电炉
	有自动关火功能的炉子监控器
	厨房用具和橱柜易于使用
生活和睡眠区的设备	床具有合适的高度，以便老人可以轻松起床
	床可从三面进入，以便在必要时可以不受阻碍地提供帮助
一般	门的宽度是80或90厘米，即使使用移动的运输工具，也可以顺畅通过
	所有房间的窗户都可以轻松打开
	电缆放置于电缆管中可以避免被绊倒
	地毯铺设防滑装置
	最重要的控件（灯开关、门把手、插座）安装在离地面85厘米的高度

通过各种细节提高设计的"容纳能力"，让老年人感觉自己并不需要特别的辅助设施，由此而产生的自信心对于延缓老年人的衰老过程是相当有用的。

2）注重通用设计

大多数福利国家的老年人养老都经历了一个从"机构养老"到"去机构化"的过程。1989年英国首次提出"社区照顾"的概念，这是居家养老服务的雏形。这种混合了家庭养老与机构养老的模式能够让老年人在熟悉的环境中安度晚年，因此得到了政府和广大老年人的支持，如美国就在1965年先后颁布了一系列法律（《老年法》《老年人社区服务就业法》《老年人志愿工作方案》）促进居家养老服务。

鉴于我国传统的养老观念以及经济发展状况，4：2：1（四位老人、一对夫妇、一个孩子）的家庭结构形式决定了居家养老是主流的养老模式。居家养老的空间设计面临的问题主要集中在两方面：老人不同阶段的空间需求和同居者的空间需求。这就需要通用化设计来解决。

通用设计最早由美国北卡罗来纳州大学教授R. L. 马赛（Ronald L.Mace）提出，并且成为一种设计思潮。通用设计被定义为：设计的产品及其环境不带有适应性和特殊性，可以服务于尽可能多的人，最好是所有人。❶

以适老化空间的卫生间照明设计为例。首先需要采用高于一般标准的照度，这是因为老年人视觉逐渐衰退，因此需要更多光照，特别是对明暗对比度比较低的目标，而卫生间一般选用的材质与色彩对比度都不大；其次要采用直接和间接照明相结合的方式满足老人的特殊需求，白天能够提供足够的亮度以便检查排泄物，夜晚则能避免老人从较暗的走廊走入明亮的卫生间所引起的眩晕感。这两项照明措施的采用能够满足老年人的特殊需求，但同时也能满足其他年龄段同居者的需求，是典型的通用设计。

3）注重非物质设计

除了物质空间的设计，适老化设计的成功与否还取决于空间内的非物质设计，如情感关怀和服务体系设计。

适老化设计还需要更多地关注老年群体的心理需求，尤其是被尊重的需求，除了硬件设施的细节优化和通用设计，还需要关注怀旧氛围营造。以养老院室内设计为例，根据老年人的生活及思维模式，居室整体色调宜采用暖色且明亮，创造出温馨且生机勃勃的气息；在相对私密的空间，老年人通常会在其中怀念他们的一生，空间安排上需要尽可能地满足收纳的功能，同时预留空间给老人摆放自己喜爱的家具、陈设等物件，墙壁可悬挂老照片等，再现老人原有家居生活状态的情景。

（4）相关案例——荷兰阿克罗波利斯（Akropolis）生命公寓

生命公寓是一种不同居住功能混合、公共配套丰富的综合性养老居住建筑类型；同时它也是荷兰的一种养老居住模式，能够吸纳各年龄段、各种身体状态的老人，并且强调通过提供多样化配套空间和护理服务，让老人入住后可以一直住到生命的尽头，不到万不得已不用再搬离这里。

阿克罗波利斯生命公寓开设于1978年，目前入住老人的平均年龄是82岁，包括健康、失能、失智，以及需要日间服务的多种类型的老人。因为"生命公寓"注重让自己成为"城市的一部分"，因此该项目选址在成熟社区内，通过步行可达两座公园，也有公交车能够便捷地到达购物中心。这使得公寓内的老人可以使用周边便捷的城市设施，有条件灵活地选择自己的生活，延续生命活力（图3-2-5）。

---

❶ 李志民，宋岭.无障碍建筑设计环境设计[M].武汉：华中科技大学出版社，2011.

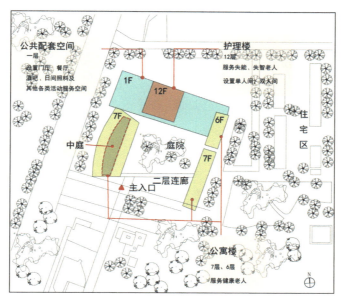

> 图 3-2-5　养老院区位（绘制：高晓茜）

生命公寓的服务遵循"自己的人生自己做主（their life, their choice）"原则，除了不鼓励严重失智的老人到公共区用餐外，其他老人可以自由选择就餐的方式，可以喝酒、泡吧，随心安排自己的生活。在这一理念的引领下，生命公寓的空间设计有以下三个显著的特点：

1）利用展陈设计实现"去机构化"

生命公寓的重要配套之一就是一个规模不小的超市，为了增加"商业"氛围，活跃气氛，工作人员充分利用了电梯厅、走廊等交通空间，模拟真实的超市氛围，支起桌子展陈和售卖各类手工艺品，很好地避免了机构感，为空间增添了活力（图 3-2-6）。

> 图 3-2-6　大厅支起的桌子陈列进行手工艺品售卖，避免了机构感（绘制：高晓茜）

2）多功能融合实现丰富就餐体验

生命公寓的用餐空间是老人们每天必去的公共空间之一，因此在餐厅的周边布置了很多收纳柜，里面放着书籍与桌游，以供老人们取用。餐厅空间除了用餐外，还兼具阅览室、棋牌室的功能，增加了多样的用餐体验。通过多功能融合设计，生命公寓实现了节约空间、集聚人气的目的，也有效地促进了老人们之间的互动（图3-2-7）。

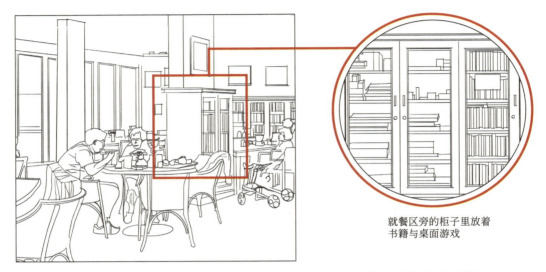

就餐区旁的柜子里放着书籍与桌面游戏

> 图3-2-7　餐厅的边柜放着书籍与桌游，为老人的饭后娱乐提供便利（绘制：高晓茜）

3）弹性空间满足不同活动需求

生命公寓的空间格局中一般都会有个大中庭。中庭的功能设置更为灵活，平时可以根据做操、跳舞、棋牌等不同的社交活动进行家具布局。同时，中庭紧邻餐厅和酒吧，在必要的时候，中庭可以作为餐厅空间的延伸，适应大型聚餐活动的需求。所有的居室开窗都朝向中庭，形成了很强的社区感，增强了老人们的归属感（图3-2-8、图3-2-9）。

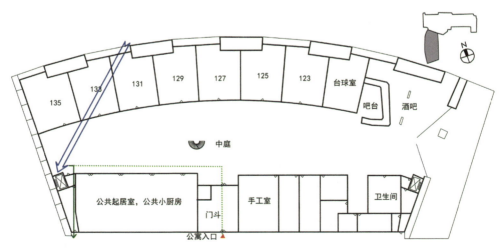

> 图3-2-8　大中庭提供弹性空间满足不同功能需求（绘制：高晓茜）

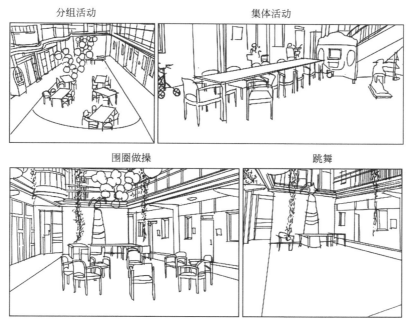

> 图3-2-9 通过调整家具的摆放位置，可以让中庭变成做操空间、跳舞空间等（绘制：高晓茜）

3.2.3 情感化室内设计

（1）情感化设计的缘起

情感化手法在室内设计中的应用是在2000年前后出现的。情感化设计可以从两个线索去追寻其源头——设计上的反国际主义风格与艺术研究的"情感转向"。

1）反国际主义风格

发源自欧洲的现代主义漂洋过海来到美国后，与美国富裕的社会现状结合起来，形成了国际主义风格。这种风格广泛流行，直到密斯提出"少即是多"后趋于极端的发展，甚至到了为了形式的单纯性放弃某些功能要求的程度。国际主义风格成为战后世界设计的主导风格，其特点包含两个层面：材料上主要采用钢铁、玻璃、混凝土等现代材料，形式上多采用几何造型塑造一种简洁、单纯的审美感觉。

国际主义风格可以看作理性设计的极致，试图寻找一种普遍的真理（如通过功能）来创造一种适用于各种环境的设计手法。但是，随着结构主义的出现，强调功能以外的非理性因素介入，如人文、情感因素，成为了设计者们的共识。而发展到后现代主义，设计强调装饰，反对功能主义，并且添加各种有趣的符号到设计物或空间中，更加强调空间的情感表达。

2）"情感转向"研究趋势

2007年，纽约城市大学社会学教授帕特里夏·克劳弗（Patricia Ticineto Clough）与简·哈雷（Jean Halley）联合编著《情感转向》一书，标志着"情感转向"成为继"语言学转向"之后新一轮学科话语范式的转型。如果说设计学领域的情感设计是从形而中的层面明确了设计方法,那么艺术学领域的"情感转向"则强调了创作观念如何摆脱"意义表征"体系。简而言之,艺术研究的情感转向强调了让感知优先于认知,这种创作原则放到室内设计中就体现为空间塑造的整体形象必须首先给观者带来一种感官的震颤、一种身体的感觉,而不是理性认知的凸显(功能和符号意义)。

(2)情感化设计的特点

情感是人对客观事物的一种特殊的反映形式,是主体对外界刺激给予肯定或否定的心理反应,也是对客观事物是否符合自己需要的态度或体验。情感化设计在室内设计中的应用往往体现出以下两个特征。

1)强调沉浸式体验

在《设计的法则》(Universal Principles of Design)一书中,对"沉浸"(Immersion)的解释使用的是心流理论(flow theory),沉浸就是让人专注于当前的目标(由设计者营造)情景下,感到愉悦和满足,而忘记真实世界的情景。简而言之,就是利用人的感官体验和认知体验,营造氛围,让参与者享受某种状态。

沉浸式体验的前提是设计者必须精准把握空间使用者的心理需求及行为特征,设计出相应的场景,从而让用户产生情感的共鸣。比如素有中国时尚地标之称的北京SKP南馆利用数字技术打造沉浸式的零售体验场景,堪称沉浸式商业空间的教科书式案例。SKP的目标消费群体有着娱乐化、时尚化的审美倾向,因此SKP的室内空间通过音乐、装置、数字媒体艺术营造符合消费人群社交及获取时尚信息的场景,受到年轻受众的欢迎。

SKP创造了不少亮点空间:商场入口处设有"未来农场",农场中的机械羊群虽是被批量复制出来的,但能发出真实可感的叫声,足以以假乱真,为商业空间增添了自然感和室外感,令人一进门便惊叹不绝;一楼的"雕塑工厂",采用大型工业机器臂来雕刻文艺复兴时期詹波隆纳的《赫拉克勒斯与半人马涅索斯战斗》,传达着西方文化对当下生活的历史影响;另外在GENTLE MONSTER体验店入口处的巨大机器雕塑也颇具看点,一座风格古典、体型巨大又融合科技感的白色雕塑侧躺在桌子上,不停地摆动,与消费者互动。文化和创意沉浸元素的植入能在内容上丰富商业空间,可以让原本以购买为目标的商业空间,创造性地转换为一个群体高峰体验的空间场所,具体包括体验、行为、情感宣泄等。根据马斯洛需求层次理论,在交互、沉浸式的商业空间中,人们不同等级的欲望与需求都能得到实现。同时,空间所营造的沉浸氛围将人们的身体蜕变为感官系统之"眼",最大限度地调动人们的视觉、听觉、嗅觉、味觉与触觉,进而实现行为与情感层面的互动。

2)强调设计语言的艺术性

室内设计作为艺术与技术融合的一门学科,设计语言的生成需要兼顾功能与形式。而在情感化设计中,设计语言需要与受众在情感层面产生互动,是一种更强调"以身体为中心"的语言范式;设计语言首先要在感官上给受众以触动,继而引发情感的共鸣,这与艺术的本质更为接近。列夫·托尔斯泰在《论艺术》中说:"人们用语言互相传达思想,而人们用艺术互相传达感情。"符号论美学的代表人苏珊·朗格认为:"艺术是人类情感的符号形式的创造。"

毕加索曾说:"艺术是时代的索引,任何一个时代的特殊感情都会诱导出与这些情感一致的艺术形式。"

(3)相关案例——接近艺术馆的创意联合办公室

大工业生产以后的工作流程及商业模式提出了讲求效率、分工明确的功能要求,这使得现代办公空间一直以理性、冷静的形象出现在世人面前。随着互联网技术的发展、新商业模式的涌现,联合办公模式诞生了,它不仅能够降低办公成本,而且能够通过共享办公为不同的工作者提供合适的交流及办公场所,但这也对办公空间提出了更高的要求,需要更为细腻地捕捉不同用户的需求,并将它们融合到同一个空间中。

深圳小元里联合办公以情感设计为主要设计方法,通过艺术化的设计语言营造出了沉浸式的办公空间。联合办公是在一个四层楼的空间里,一层作为大堂接待,二层作为办公配套的餐饮空间,三、四层为办公空间。其中三层主要是小型办公空间,针对的客群偏年轻化。四层主要是大型办公空间,针对的客群偏成熟。

设计同时兼顾年轻人群和成熟客群两个审美趣味相左的人群的需求,通过黑白条纹这个元素统合不同空间,形成自己的设计语言体系,做到各个空间和而不同。黑白条纹+具象夸张造型适用于餐饮及三层(年轻化)空间;黑白条纹+竖向线条组合适用于大堂(联合办公品牌形象)及四层(成熟客群)。并且通过色彩及陈设系统为空间提供艺术化的修辞语言,创造出提供沉浸式体验的交流空间(图3-2-10~图3-2-23)。

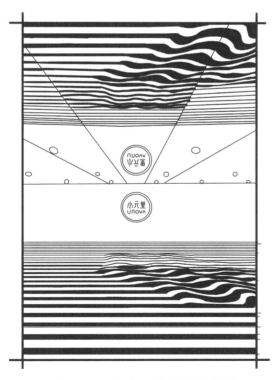

> 图3-2-10 入口门厅通过顶部镜面反射地面变形条纹铺装(绘制:付佳旭)

> 图3-2-11 中庭地面铺装同时也呼应开窗形式(绘制:付佳旭)

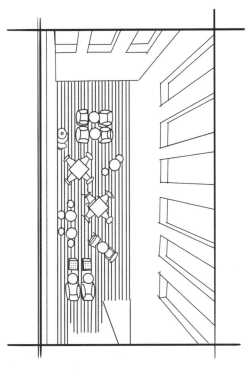

> 图3-2-12 中庭地铺与家具结合具有强烈的装饰意味（绘制：付佳旭）

> 图3-2-13 餐厅入口以马卡龙元素装饰立面，配以定制家具迎合年轻客群审美（绘制：付佳旭）

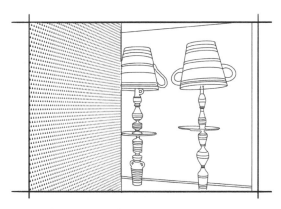

> 图3-2-14 具象夸张造型家具（绘制：付佳旭）

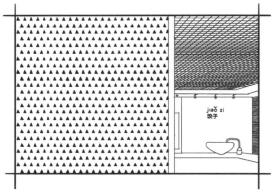

> 图3-2-15 点状装饰形成虚面，与条纹呼应（绘制：付佳旭）

> 图3-2-16 通过家具造型和灯具再次强调黑白条纹及线性元素（绘制：付佳旭）

> 图3-2-17 横向线条组成的空间隔断（绘制：付佳旭）

> 图3-2-18 黑白条纹在墙面、家具上的应用（绘制：付佳旭）

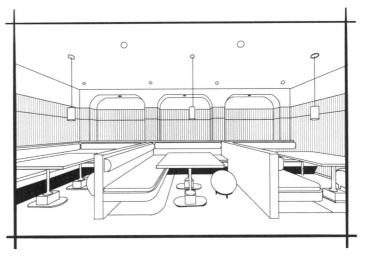

> 图3-2-19 立面采用垂直条纹肌理，与大堂黑白条纹呼应（绘制：付佳旭）

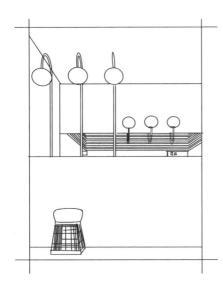

> 图3-2-20 吊顶采用黑白条纹（绘制：付佳旭）

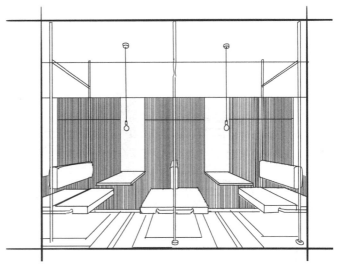

> 图3-2-21 竖向线条隐晦地强调艺术语言的总体特征（绘制：付佳旭）

> 图 3-2-22　黑白条纹的家具
　　配置（绘制：付佳旭）

> 图 3-2-23　黑白条纹的室内陈设
　　艺术品（绘制：付佳旭）

3.2.4　智能化室内设计

室内设计的智能化发展是一个集约型、系统性的工程，智能系统的加入使得室内设计发生了根本性的变革，是新的技术系统与传统室内设计系统的叠加。并且从某种意义上说，智能系统的完善成为决定室内设计质量的决定性因素，传统的室内设计仅仅是智能化室内的一个重要部分。

（1）智能化室内设计的发展现状

智能化系统介入室内设计的早期案例大多发生于家居设计领域。1995年出版的《未来之路》一书中，作者比尔·盖茨描绘了他历经7年建成的智能豪宅，书中描绘此建筑"由硅胶和软件建成""采纳不断变化的尖端技术"。❶而日本早在1988年就成立了住宅信息化推进协会，提出使用 SHBS 技术（Super Home Bus System）建造智能化住宅。

智能家居发展到近些年已经出现了许多成熟的应用系统，比如2016年，由原研哉策划的第二届"House Vision"展览上就展示了12幢智能化住宅。其中YAMATO HOLDINGS推出的一款智能住宅是为都市年轻一族设计的，称为"冰箱由室外打开的家"。住宅使用了愈趋成熟的指纹、虹膜识别等智能化技术，使冰箱等储物箱体可以通过远程操作对外打开，保证外卖或快递能够在主人不在家时，也能得到妥善的保管与储存。

---

❶ 比尔·盖茨.未来之路[M].辜正坤，译.北京：北京大学出版社，1996：78.

目前，国外的智能家居发展时间较长，市场产品种类更新快，应用场景较为丰富。中国市场前景巨大，但是目前介入智能家居的企业还不够多，单个成熟产品已有市场化运行的，但尚未有系统的智能家居面世。

2018年智能家居全球市场总估值为710亿美元，而中国的智能家居市场估值1396亿元人民币，其市场规模约占全球总规模的32%。毫无疑问，智能家居必然会在将来，尤其是在中国的将来得到充分的发展。

（2）智能化室内设计的系统组成

作为智能化室内设计的技术核心，室内智能化系统通常包括安防系统、环境控制系统、家庭娱乐系统、能源控制系统（表3-2-9）。

表3-2-9 智能化系统包含的子系统

智能化系统（子系统）	包含内容
安防系统	指标探测功能。当煤气、烟雾、温度、湿度等室内环境变化超过安全指标时发出声光报警，并启动相应的应急措施
	侵入报警功能。家中无人时或反锁门时自动设防警戒；当探测到窗户、玻璃、门被破坏时发出声光报警，启动远程报警和视频监视系统
	紧急呼救功能。家里主人有紧急情况时的紧急求助系统
	访客识别功能。有人来访时，启动可视对讲功能，记录访客信息
	紧急隔离功能。遇到突发事件，如火灾、地震、入室抢劫等突发事件提供紧急隔离保护
	权限设定功能。对不同的家庭成员，记录指纹、语音、人脸等识别信息，建立权限管理，一方面可以简化日常操作，另一方面为家庭财产提供了更高级别保障
环境控制系统	室内智能化系统能够综合各因素对室内环境进行自动调节，改善室内环境氛围
家庭娱乐系统	智能的家庭娱乐系统，可以让人们在家中随时随地、随心所欲地享受到音乐、电影、游戏、视频通话、虚拟现实等项目
能源控制系统	在调节室内环境的同时，有效提高室内的能源效率，合理控制室内声、光、热等的能源消耗，建立污水排放、空气质量检测系统，提高水资源利用率等

室内智能化系统能够更好地改善室内声、光、温湿度等物理环境，使室内空间能够快速回应使用者的需求，并且能够打破原有时空界限的限制（远程及延时控制），使空间更具可变性。

（3）相关案例——"生活在别处"智能家居

案例位于上海，为一个43平方米的一室一厅，层高为3.5米。使用者为外地来沪打工的夫妻俩和一个读小学三年级的儿子。由于房屋面积较小，因此设计师希望通过智能家居模式的控制来实现空间的可变。

最终空间可以实现三种模式的转变（图3-2-24～图3-2-29）：

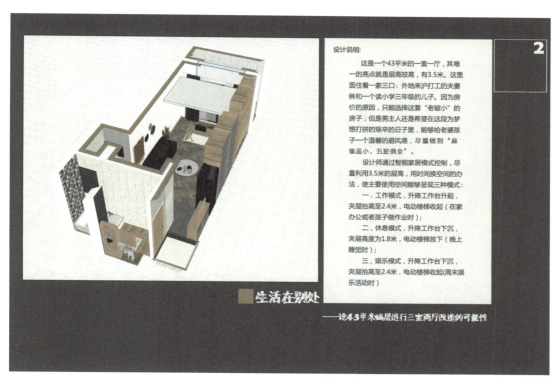

> 图3-2-24　设计说明：整体展示居室格局（设计：王颖）

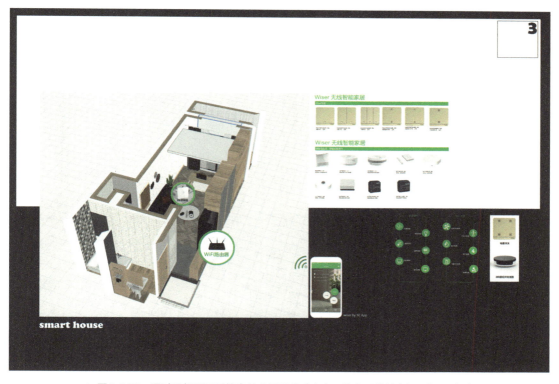

> 图3-2-25　通过手机即可遥控家具内置系统（窗帘、警报系统等）（设计：王颖）

> 图3-2-26 也可通过控制面板直接转换室内空间格局，调整灯光、家具等（设计：王颖）

> 图3-2-27 室内的场景与传统室内作品无异，灵活利用空间的关键在于隐藏的智能系统，图为工作模式空间（设计：王颖）

> 图3-2-28 休息模式空间（设计：王颖）

> 图3-2-29 娱乐模式空间（设计：王颖）

室内设计基础 ／ 第3章 室内设计往哪里去

① 工作模式，升降工作台升起，夹层抬高至2.4米，电动楼梯收起（满足在家办公或孩子做作业）；

② 休息模式，升降工作台下沉，夹层高度为1.8米，电动楼梯放下（晚上休息时）；

③ 娱乐模式。升降工作台下沉，夹层抬高至2.4米，电动楼梯收起（周末娱乐活动时）。

3.3 欧洲室内设计案例

以下所分析的欧洲各地经典的设计案例，应该可以给我们的室内设计带来些许启示。

3.3.1 西班牙的巴特罗公寓

西班牙民族是一个激情似火、风情万种的民族。西班牙王国又是一个在艺术上百花竞艳、万象并存的国家。这不仅是因为特殊的地理位置决定了西班牙艺术的风格特征具有多元化的倾向，还因为在这块热土上诞生了不少在世界范围内引领风骚的艺术巨匠。高迪无疑是西班牙建筑史上最杰出的建筑家，而巴塞罗那最负盛名的建筑也几乎都是出自他之手。

在不和谐区街区上有三座风格迥异的建筑，即梦幻的巴特罗公寓、端庄的阿马特耶之家和柔美的叶奥·莫雷拉之家。这三座建筑比邻而居，巨大的反差给人带来强烈的视觉冲击，使得整条大街在不和谐中充满着浓郁的艺术气息（图3-3-1）。

最为特别的要数巴特罗公寓（Casa Batllo）。高迪在1904—1906年受纺织业主Jose Batllo的委托，对其住宅进行改造。于是，整幢建筑改头换面，标新立异，极具魔幻色彩，并于2005年入选

> 图3-3-1 不和谐街区上的建筑

世界文化遗产名录。❶

● 奇异魔幻的外观

据说巴特罗公寓的整个设计是在讲述加泰罗尼亚的保护神圣乔治战胜恶龙的传说，高迪的灵感来源于此。建筑共有6层，底层和主层的沿街立面由砂岩雕刻成光滑的曲线构架；外墙以深深浅浅的蓝色和绿色相间的西班牙瓷砖饰面，像长满龙鳞的龙身，加之镶嵌彩饰的玻璃、骷髅头造型的阳台和骨骼形状的立柱，增强了故事的奇异气氛（图3-3-2）；屋脊如带鳞片的巨龙脊背，十字架形烟囱犹如英雄的利剑刺入龙身（图3-3-3）。由此我们不难看出建筑外观的人化形态将动人的传说演绎得惟妙惟肖，充满了魔幻色彩。

> 图3-3-2 巴特罗公寓外观

> 图3-3-3 巴特罗公寓屋顶

● 创新的内部形式

如果说巴特罗公寓魔幻的外观冲击着人们的视觉，那么其内部才是整个建筑的精华所在。高迪在此最大限度地发挥了他的想象力，使其"不仅其表、更具其里"。"内看巴特罗"果然名不虚传。

建筑底层是商店，主层是巴特罗家的居所，三、四、五层是出租公寓。经过一层通往二层的楼梯往上走，你会被像动物脊柱的楼梯所吸引，随之映入眼帘的是楼梯扶手的端头，恰似海草卷成一根精巧的立柱。而墙面酷似熔岩和溶洞，随着壁纸的明暗变化能感受到一种波浪起伏的涌动（图3-3-4、图3-3-5）。来到二楼前厅，四周墙面及屋顶都有漂亮的花纹及波浪形状的曲线。屋顶好似一个大漩涡，漩涡的中心装了一盏如飞轮形状的吊灯。大厅的柱子和窗框都像是骨头，给了厅堂有力的支撑，并且使波浪形房顶有了过渡（图3-3-6）。二楼的后厅比前厅略小，引人注目的是天花正中有个突起如露珠、似钟乳的吊顶（图3-3-7）。而穿

---

❶ 邵丹.西班牙手记之巴特罗公寓.中外建筑，2014（09）：60-62.

过通往后院的大门，便可以看到一处漂亮的庭院，这是巴特罗家族举行聚会、派对的地方。高迪亲自设计了庭院地面、花墙的花色并配以复杂的贴砖（图3-3-8）。移步到位于"龙腹"部位的阁楼，其内部主色调是白色，采用了精巧的悬链拱结构，呈"鱼骨"状，这是高迪自然主义倾向的仿生结构（图3-3-9）。置身其内，犹如穿行鱼腹。高迪对该建筑由外到内地进行了童话般的设计，处处弥漫着魔幻气息。

> 图3-3-4　建筑入口处楼梯

> 图3-3-5　楼梯扶手细部

> 图3-3-6　二层前厅室内空间

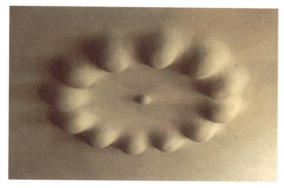

> 图 3-3-7　后厅空间的天花

> 图 3-3-8　庭院空间

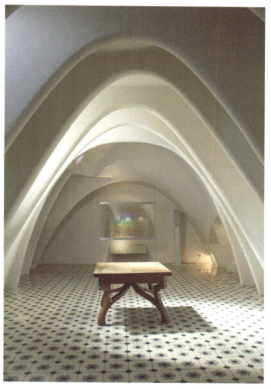

> 图 3-3-9　阁楼空间

● **考究的节点细部**

巴特罗公寓里的每一个细节都是高迪的精心设计。建筑中几乎找不到刚毅的直线条，所见之处都尽显完美弧线。每一盏灯，每一扇窗，每一道门，任何角落，高迪都花尽了心思，将曲线理念贯彻在每一个细节：地面和天花的线条圆润无比；椭圆的门窗，波浪的扶手，加之像金鱼尾巴似的门窗把手，和人手的曲线特别吻合（图3-3-10）；蘑菇形的壁炉（图3-3-11），展厅的顶灯也像眯起来的"眼睛"造型（图3-3-12）；这些曲线的应用将高迪的细部设计思路展现得淋漓尽致。

> 图 3-3-10　窗把手

> 图 3-3-11　蘑菇状的壁炉

● 巧妙的采光通风

高迪的建筑设计注重采光与通风，建筑内设有多变的通风系统：每两间房间之间都会有各种木质的通风窗，这些安装在门上、窗上、墙上的通风窗都可以随意被开启和关闭。因此，当这些通风窗打开的时候，即便所有的房间都关着房门，整座建筑内的空气也都是完整流通的（图3-3-13）。

> 图3-3-12　展厅顶灯

> 图3-3-13　室内门

> 图3-3-14　日光天井

值得一提的是，在室内还巧妙地设计了一个并不宽阔的垂直日光天井：墙上的窗户随楼层的增高不断变小，这是因为越靠近天井的顶部，光线越强，减小窗口的面积可以有效地控制了进入室内的光线；另外，越靠近天井顶端，蓝色瓷砖的颜色越重，这样上深下浅的设计，在日光的照射下，站在天井中的任何一层都能感觉到天井中蓝色调的一致（图3-3-14）。此外，在每一层朝向天井的窗户下面还设计了一排细长的通风口，中间安装了可旋转的木窗，它的作用就像鱼鳃一样，通过旋转可以控制打开的程度，以便调节居室通风的速度（图3-3-15）。同时，在临着天井那一侧都安装栅栏，外装了特制的玻璃，人走在栅栏边，透过玻璃仰望天井蓝色的墙壁和天空，好似从水中仰望世界。天井里有一部老式铁笼电梯，电梯门安装的是也是水纹玻璃，给进出电梯的人一种置身水中的感觉，非常奇妙（图3-3-16）。

> 图3-3-15　可调节通风的窗户　　　　　　　　> 图3-3-16　老式电梯

高迪的建筑不同于以往我们所见到的欧式建筑，他大胆地演绎建筑，运用迷人的色彩和魔幻的造型赋予建筑以生命，使得巴特罗公寓的设计不仅是美轮美奂，而且充满想象，奇特魔幻，的确与众不同。

3.3.2　法国的萨伏伊别墅

学过建筑史的人都知道：现代主义建筑大师勒·柯布西耶在1926年出版的《建筑五要素》中曾提出了新建筑的"五要素"，即：① 底层的独立支柱；② 屋顶花园；③ 自由的平面；④ 自由的立面；⑤ 横向长窗。而建于1928—1929年间的萨伏伊别墅正是这"五要素"的具体体现，甚至可以说是最为恰当的范例。这是一个完美的功能主义作品，它是柯布西耶建筑设计生涯中最为杰出的建筑作品。怀着对大师的无限敬仰，笔者在去法国的深度考察中，多次换地铁、坐公交，几经周转，辗转地来到了位于巴黎近郊的普瓦西（Poissy），也就是萨伏伊别墅所在地（图3-3-17）。❶

---

❶ 邵丹.萨伏伊别墅的建筑漫步.中外建筑，2014（06）：41-44.

> 图3-3-17 普瓦西车站

令人意外的是,一路并没有显著的标志,和其他普通住宅并无大样,建筑的大门口是一个安静祥和的门脸,只是在大门的右侧有个门牌和示意图(图3-3-18)。进入大门,满眼是郁郁葱葱的大树,只看到了右手边这个形态相似的建筑(图3-3-19),这也许是空间的前奏吧。

> 图3-3-18 萨伏伊别墅门口

> 图3-3-19 入门处形态相似的建筑

穿过茂密树林里的小路，萨伏伊别墅安静地矗立在草地上（图3-3-20）。这里风景宜人，树美草美，别墅坐落其中，十分和谐。建筑表面平整，看起来平淡无奇，形体也比较简洁，没有过多的装饰。外部装饰采用白色粉刷，横向长窗似乎是唯一的装饰。然而四个方向看过去，都可以得到不同的印象，这使得建筑外观显得甚为多变（图3-3-21）。这种不同不是刻意设计出来的，而是其内部功能空间的外部体现。其实，建筑本身就是个外表完整简洁而内部丰富复杂的空间。

> 图3-3-20 萨伏伊别墅远景

> 图 3-3-21 建筑的四个立面

别墅宅基地为矩形，是一个平面约为22.5米×20米的一个方块，钢筋混凝土结构，设计上与以往的欧洲住宅大异其趣。建筑共三层，底层架空，三面为细长圆柱体的柱子。汽车可从底层架空柱之间进入，绕着首层的服务空间转过来，到达中间，驶入车库，或沿着返还的路线离开。这种特殊的组织交通流线的方法，既使汽车易于停放，又使得人车分流，达到了车库和建筑的完美结合（图3-3-22）。同时，这种改变了传统的花园环绕方式的"漂浮"结构，使得柯布西耶找到了理想生活范本的物质载体。入口处有个不规则的门厅，由弧形玻璃幕墙所包围，现在已经变成售票处以及售卖柯布西耶相关书籍的地方。中心部分由车库、仆人的房间（现为展厅）、洗衣房、坡道及楼梯组成。建筑的天花上是赤裸裸的灯泡，地板上铺着方形地砖，与众不同的是在大厅中间还有一个手盆，似乎是邀请来宾在其间洗净外界的尘埃（图3-3-23）。

> 图3-3-22　特殊的组织交通流线

作为连接垂直交通空间的纽带，每层之间以螺旋形的楼梯（图3-3-24）和折形的坡道相连，并配有管状扶手（图3-3-25）。这种在室内很少采用的斜坡道，打破了传统单元房间之间的关系，增加了上下层空间的连续性。不禁让我想起萨伏伊别墅的别名——"明媚的时光"。柯布西耶是这样在他的著作中赞美"坡道"的，他说，"进入别墅的入口之后，一条几乎令人难以注意到的坡道很容易就将我们引领到一层。在这里，居住者的生活得以继续，交际、休息等所有活动都可以展开"。

我们通过中间的坡道移步二层。功能空间有起居室、卧室、厨房、餐厅、屋顶花园和一个半开敞的休息空间。二层平面维持了建筑的方盒子形状，经过仔细的比例推敲，紧密结合

> 图3-3-23 大厅中的洗手盆

> 图3-3-24 螺旋楼梯

> 图3-3-25 长向斜坡

各个功能房间。外墙几乎是连续的水平长窗,比内部的玻璃围合更强烈地限定了空间的边界,水平长窗与各个房间合成整体,在不同的立面上显示不同的节奏特点。据说,横向长窗是为了让房间获得充足的光线和室外的景观。就像在《论建筑学与城市主义现状》中提到的一样,柯布西耶坦然承认了萨伏伊别墅的"逼迫性古典主义"倾向——"住户来到这里,是因为这里的粗犷的田野景色与农村生活相互呼应,他们可以从条形窗的四个朝向居高临下地观察到整个区域,他们的家庭生活被安插在一个维吉尔式的梦境之中"。

其中几处空间的亮点让人印象颇深。和朴素的建筑外立面一样,室内空间几乎没有任何多余的装饰——仅用了白色为主导的颜色粉刷墙面,柯布西耶曾说过"白色是新鲜、纯粹、简单和健康的颜色";室内家具简洁不烦琐,像卧室内的卫生间,浴缸边缘做成具有人体曲线的蓝色瓷砖躺椅,是典型的柯布家具风范(图3-3-26);在衣柜的处理手法上,有时是与卫生间的巧妙布置,有时是与展架的精巧结合,这些展示出了空间的统一与变化(图3-3-27);即便是卫生间或走廊深处的小空间,也会有一抹天窗采光,让人感受到自然光的恰到好处(图3-3-28);在起居室和卧室之间是一个方形庭院,在这个庭院中,一个没有安装玻璃的窗洞成为了二层路径的终点,也是个观赏风景的好地方(图3-3-29);旁边可见植物和采光口的协调处理,创造出别致景致(图3-3-30)。

继续顺着二层露天的坡道攀至顶层(图3-3-31),日光浴场就坐落在这里,功能性单元打破了直角正交的方盒子,制造了屋顶雕塑般的风景。三层以屋顶花园为主,也是整个"建筑漫游"的终点。这也许是补偿自然的一种方法,"意图是恢复被房屋占去的地面"。笔者

> 图3-3-26　主卧卫生间

> 图 3-3-27　卧室多功能衣柜

> 图 3-3-28　走廊的天光

> 图 3-3-29　横向长窗洞

> 图3-3-30 结合天窗的景观小景

> 图3-3-31 通向三楼的斜坡通道

这才真切地领悟到住宅真正的花园其实不位于地面，而是设在屋顶。这里是空中的花园，配置的植物与地面材质一样，多变而丰富。同时，地面由水泥板铺砌，下层垫砂，以确保雨水被及时排掉。

正如柯布西耶自己所评价的那样，这五个特点在别墅中都有所体现，但更多的是体现了他的美学观念。我们不仅看到现代主义建筑精神的体现——各种形体都采用了简单的几何形体和简单的外部轮廓，好像一个立体主义的雕刻，而且体会了内部空间的复杂多变，如同一个内部细巧镂空的几何体，又像一架复杂的机器，这正是柯布西耶所提倡的"居住的机器"美学观点。

萨伏伊别墅是一座完美的功能主义建筑。它色彩纯粹，形式简单，光影多变，空间流动，底层架空，屋顶花园，处处自然地衔接虚实变化，深刻地体现了现代主义建筑所提倡的强调功能原则与新建筑的美学原则。

3.3.3　英国的罗马浴池博物馆

巴斯是英国唯一列入世界文化遗产的城市（图3-3-32），罗马浴池博物馆（Roman Baths Museum）就坐落在这里。巴斯在英文中就是"洗浴"的意思。在罗马帝国统治英国

> 图3-3-32　巴斯的圆形广场

的时代，罗马人在巴斯修建了许多带有桑拿及泳池的大型浴室，还把这里定为水和智能女神米诺拉的领地，并建起了华丽的宫殿。随着岁月的流逝，这些建筑大部分都被埋在了地下，直到19世纪末，英国人又重新唤醒了这些沉睡在地下的古迹。❶

整个建筑分两层，空间高大宽敞。从入口进入，首先映入眼帘的是圆形许愿池，池水温度保持在46.5℃左右，池中则是游客们投入的硬币（图3-3-33）。踩着高低不平的嵌石铺地走进去，可见博物馆中心的露天大浴池。当年罗马人为了不让水温冷却下来，在大温泉池里地面上铺满了铅板，这种结构也是他们发明的。大浴池池边的阶梯、石头基座都是罗马时代的遗迹（图3-3-34）。在浴池的上方，覆盖着巨大弧形拱的窗户，配合着矗立的12座对英格兰历史产生过重大影响的人物雕塑，比如凯撒、屋大维和克劳迪厄斯等。

其实公共浴场是古罗马建筑中技术、空间规模和功能方面最复杂的一种建筑类型，具体表现为：

> 图3-3-33　圆形许愿池

> 图3-3-34　博物馆内部空间

---

❶ 邵丹.英国手记之巴斯罗马浴室博物馆.创意与创新，2020（1）：76.

在技术方面， 在浴场地下和墙体内设管道，通热空气和烟以取暖，并且很早就采用拱券结构，在拱顶里也设取暖管道。

在空间规模方面， 博物馆里除了温泉池，还有热水厅、温水厅与冷水厅，两侧间各有入口、更衣室、按摩室、涂橄榄油与擦肥皂室、蒸汗室等（图3-3-35）。旧的浴池轮廓清晰可辨，墙面保留相对完整。现在，通过放映采用全息摄影技术拍摄的影像的方式，在室内空间展示了当年古罗马人在这里的生活场景（图3-3-36）。同时，从博物馆的模型图示中可以了解到这个大浴场曾经是有顶的，并且规模非常大，占地6英亩（1英亩≈4046.86平方米），可以容纳1600人同时洗浴（图3-3-37）。

在功能方面， 整个空间既有供浸泡使用的浅水池，也有可供游泳的大冷水池，从原来的不分贫富贵贱的男女混合浴池发展到后来的女士在东侧、男士在西侧。洗浴的空间有更衣室、温水厅、热水厅。

> 图3-3-35　热水池与更衣室

> 图3-3-36　全息摄影技术的展示

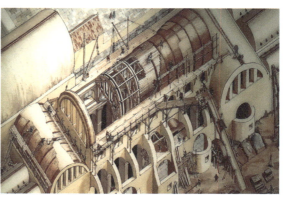

> 图3-3-37　博物馆的模型图

让人印象比较深刻的是从一侧入口进去的两层展厅，里面陈列着考古挖掘出来的珍贵文物，真实地还原了当时辉煌的历史（图3-3-38）。展厅的尽头则是源源不断地流淌了几千年、恒温46.5℃的泉眼。今天这里每天流出的泉水无论是温度还是流量，都与当年没有变化，一如当年繁华时的景象（图3-3-39）。浴池中的水还是一股活水，从泉眼里流出再经暗道流入旁边的小河。

作为附属空间的水泵餐厅（Pump Room）也是参会晚宴所在地，位于国王浴池的上方，建成不到200年。它原为观赏浴池所建，不仅是一个放抽水机的房子，在19世纪，这里还是到巴斯旅游的绅士淑女们每日聚会的场所。6米高的楼顶上有精致的雕花及璀璨的吊灯。拱形的格子窗户是乔治式建筑的标志，白色的墙面与爱奥尼克柱式、椭圆形花窗相得益彰。空间的另一侧摆放着三角钢琴，内部装潢十分华丽（图3-3-40），在此一边用餐一边欣赏音乐，惬意无比。

这里保存着罗马帝国时代建造的精美温泉浴室。无论是地面下6米的大浴池、水泵餐厅，还是神殿遗迹、神像、许愿池和各种礼器文物，观赏价值极高，不愧是一个能够让心灵得到宁静的好地方。

> 图3-3-38　展厅内的珍贵文物

> 图3-3-39　恒温的泉眼

> 图 3-3-40　水泵餐厅内部空间

3.3.4　荷兰的代尔夫特理工大学

代尔夫特理工大学（Delft University of Technology）是荷兰历史最悠久、规模最大、专业涉及范围最广的综合性理工大学，其专业几乎涵盖了所有的工程科学领域，被誉为"欧洲的麻省理工"，是世界顶尖理工大学之一。如果说代尔夫特是阿姆斯特丹的缩影，那么代尔夫特理工大学会加深你对荷兰的印象。

● **绿色健康的校园环境**

代尔夫特理工大学占地161公顷，面积比代尔夫特市中心还要大，是世界上面积最大的校园之一（图3-3-41）。校园内设有四通八达的自行车道和人行道系统。整个校园秉持绿色环保的理念，大部分地区都允许以步行、自行车、公共交通的方式出行（图3-3-42）。校园没有明确的围墙作为空间界定，公共汽车可以直达校园内部（图3-3-43）。校园内的环形公路是专门为汽车行驶准备的，环形公路围绕整个校园。为了方便道路识别，学校不时可见清晰的路标，按照指示，你能够轻松地找到中央停车场，而从这里出发，可以步行到达学校的任何地点。

> 图3-3-41　代尔夫特理工大学鸟瞰图

> 图 3-3-42　校园内的自行车步道

> 图 3-3-43　公共汽车可达的校园内部

● **生态的图书馆**

代尔夫特理工大学的图书馆绝对是一个亮眼的存在。它被誉为目前世界上最具有未来派特征、最为现代化的图书馆之一（图3-3-44），被认为是荷兰科学技术信息的聚集地，建于1997年，由荷兰建筑事务所Mecanoo设计。该建筑造型别致，远看似乎从天外飞来。建筑的其他几面皆为巨大的玻璃幕墙，另一面则倾斜成为大楼屋顶，并继续延伸使整个屋顶与地面合而为一，形成一个大草坪，独特的草坪生态屋顶闻名于世。其建筑主体隐藏在地面之下，因而看不到图书馆的真面目，最有趣之处在于，它的屋顶是一个长满绿草的小山坡。

> 图3-3-44 让人眼前为之一亮的图书馆

这个高达40米的圆锥体晚上会像一座灯塔一样散发光芒，成为学生的指明灯。图书馆内透明锥体为图书馆带来足够的光线，墙边高达数层的书架为图书馆带来了浓浓的学术气息（图3-3-45）。馆内拥有超过86.2万册的藏书和1.6万份（本）的报纸杂志，及大量的会议纪要、报告、参考文献等。除了1000多处公共阅读区域外，图书馆内还有独立学习室，配备电脑和网络，学生可以凭借学生卡预约使用。

● Aula

作为校园的知名建筑，Aula建于1964年，由荷兰建筑师Jacob Bakema设计。一下公交车，就可以看见这个庞然大物（图3-3-46）。Aula有1大4小共计5个报告厅，底层现为学校的公共食堂。设计上，Aula可以被认为是当时粗犷主义混凝土建筑风格的代表。面对中央绿地的飞碟状巨大悬挑使它具有了"UFO"的外号。

● 工业设计工程学院

校园共有八大学院，其中的工业设计工程学院（Industry Design Engineering）令人印象深刻

> 图3-3-45　图书馆室内空间

> 图3-3-46　Aula

（图3-3-47）。2019年的第22届设计工程国际会议（22nd International Conference on Engineering Design）举办于此。学院成立于20世纪60年代，多年来，它已发展成为一个国际性的教学和研究机构。内部空间开阔，中庭部分底部架空，上部由两个椭圆形的学习空间组成。连接垂直交通的是两侧的步行楼梯。一层以开场的公共空间为主，二层则在架空的四周遍及多功能教室及汇报厅、自习室、模型室等（图3-3-48）。

> 图3-3-47　工业设计工程学院

> 图3-3-48　工业设计工程学院室内空间

3.4 大洋洲的室内设计案例——新西兰奥克兰博物馆

新西兰位于太平洋西南部,领土由北岛、南岛及一些小岛组成,以库克海峡分隔。它是地处世界两大构造板块之间的岛国,或许称不上是幅员辽阔的大国,但毫无疑问,多样的风格建筑决定了它的世界地位。这些特色建筑是新西兰文化的象征,是新西兰人灵魂、历史与性格特征的写照。新西兰主要建筑风格受欧洲影响,约70%~80%的建筑基本是欧式风格,还有少数受毛利及太平洋岛文化的影响。

奥克兰博物馆位于新西兰的北岛奥克兰的奥克兰公园内,建筑坐落在地势较高的绿地之上(图3-4-1),是一所收藏历史和民族文物的博物馆。奥克兰博物馆又称奥克兰战争纪念博物馆,被形容为是新西兰人文化与精神的试金石。它不仅是一座展示毛利人历史文化的博物馆,同时也是一座反映第二次世界大战与新西兰历次战争历史的战争纪念馆。

这是一座让人印象深刻的新古典主义建筑,整个建筑共有三层。第一层以展示毛利文化和太平洋岛民文化为主,有毛利人独特的民族手工艺品、经复原的毛利人集会场所以及毛利人日用品展览(图3-4-2),北侧包括早期欧洲移民生活用品展厅和特别展厅。关于毛利文化和太平洋岛屿文化的藏品及奥克兰1866年街景画是展览的亮点。

第二层是包括讲述地球起源、生命起源、各种动植物资料和标本的自然科学展。馆内陈设品丰富,其中最引人注意的是KIWI鸟的模型,它是新西兰的国鸟(图3-4-3)。

> 图3-4-1 奥克兰博物馆外景

> 图3-4-2　博物馆一层内景

　　第三层展示的是二战以及新西兰历次战争中使用过的武器等（图3-4-4）。在展厅三楼中央的白色大理石墙壁上，镌刻着历次在战争中捐躯的烈士名单（图3-4-5）。不时会有人伫立在那里沉思，也不时会有孩子们的微笑映衬在白色的石壁前。在纪念1845—1972年新西兰国内战争牺牲者的纪念碑上写着："缅怀所有在新西兰内战中死难的人。"后人以此缅怀战争中殉职的将士（图3-4-6）。

> 图 3-4-3 新西兰国鸟——
KIWI 的模型

> 图 3-4-4 三层的展示空间

> 图 3-4-5　镌刻烈士名字的墙壁

> 图 3-4-6　三层的纪念空间内景

对于想要深入了解新西兰文化的人而言,这里讲述着有关新西兰的多彩故事,有无价的毛利珍宝、灿烂的自然历史、精彩的毛利文化表演以及不定期举办的各式展览,这里是了解新西兰文化的不二选择。

3.5 亚洲室内设计案例

3.5.1 日本金泽的21世纪美术馆

金泽（Kanazawa）位于日本北陆中部的石川县。独特的地理位置，使其远离倒幕运动的中心和二次世界大战的军事据点，在多次政治运动之下仍能幸免于难，因而它有"迷你东京""小京都"之称。城市中心不但存在大量战前、甚至幕府时代的建筑，还有众多现代建筑师的作品。例如：妹岛和世、西泽立卫主持设计的金泽21世纪美术馆，是日本最受瞩目的现代美术馆。

2004年，由妹岛和世与西泽立卫设计的金泽21世纪美术馆，在完工前1个月就夺得当年威尼斯建筑双年展的最高荣誉——金狮奖。绝佳的市中心位置，与具有"日本三大名园之一"之称的兼六园比邻而立。

这个具有国际观的区域型美术馆，与环境及市民的关系极为亲近，特别注重"人与环境"的价值。建筑师提出的是一个海岛型的概念，大胆采用正圆形作为平面，利用圆形将不同的展区集中在内部，且最外围是透明的玻璃落地窗，让此美术馆犹如透明飘浮的大扁圆岛一般，寓意在绿色草坪上漂浮着一座透明的小岛（图3-5-1）。圆形作为博物馆的平面（图3-5-2），可以给人造成无方向感的心理暗示，精彩地消解了基于东南西北四个立面的等级，使建筑对四个方位形成同样的开放度，使得该建筑没有特别的主次入口之分，人们可以自由地穿行在建筑的内部（图3-5-3）。该建筑从人的行为自由性出发去组织建筑的功能和形式。建筑师认为只能够进行启蒙教育的美术馆功能已经不能适应时代潮流。美术馆应该建成一个可以双向交流的互动场所，因此强调人与环境的互动性。

> 图3-5-1　美术馆的鸟瞰

> 图3-5-2　一层平面

> 图3-5-3　建筑的入口及走廊

有别于一般的美术馆分栋或是分层展览的概念，金泽21世纪美术馆以两大主轴为主要设计方向。美术馆内的空间必须要有依展览而变化的弹性，且要是一个综合空间，彼此之间要有强烈的关联性。不同形状的各个展示室看似独立地配置在圆形的馆内，像一个小型聚落一样，其实内部都是相通的。参观者不必沿着一个固定的路径，可以随机进入不同的展示室去观赏，且各个展厅空间都为纯净的白色，以暗示观赏者更多地去关注作品本身，而不喧宾夺主（图3-5-4）。

> 图3-5-4　美术馆展厅内部

另一个特别之处是柱子的处理手法。为了强调超级扁平和超薄的视觉效果，妹岛和西泽将在功能上承重，在视觉上成为障碍的柱子打散，将柱子变成森林，这种有秩序的有别于西方的解构被称为日本式解构。其实妹岛在古河综合公园的饮食设施建筑中，已成功地首次实验了"柱之森林"，在那之后的芝加哥伊利诺理工大学学生中心方案又延续了"柱之森林"美学。金泽21世纪美术馆是这一美学的延长线（图3-5-5）。

> 图3-5-5 "柱之森林"美学的应用

大量的玻璃材质将空间的透明感表现得淋漓尽致。圆形的玻璃外墙围合成一个透明空间，使得建筑变得明亮洁净，轻巧透彻，没有昔日美术馆的厚重压力，也模糊了室内与室外的边界感（图3-5-6）。透明的表面将内部功能展示出来，使内外空间在视觉上形成一种交融，内部的房间也根据不同的功能采用透明程度不同的界面围合。最为重要的是，该建筑的层级关系不再是具有等级特征的树形模式，而成为一种网络状的匀质模式。

> 图3-5-6 圆形的玻璃外墙

美术馆内最受欢迎的一个展厅就是阿根廷装置艺术家林德罗·厄利什（Leandro Erlich）2004年设计的作品"游泳池"（The Swimming Pool），装置地上四周为宽阔的公共交流空间。从表面看,这里好似一个普通的游泳池(图3-5-7)。其实,玄机便是若从一层展厅的出口下一层台阶,也可到达游泳池的内部空间。这更多是为了保证体验效果而采取的一定的流量限制的方法。沿着长长的通道,可以进入游泳池的下面,背景为蓝色空间,顶部为长达50厘米的流动水面,在空间内部,可以很好地表现水面的光影变化,增加观者对水面的不同感受,同时依稀可见水面上的景象(图3-5-8)。上层的水影投射进蓝色池低,随阳光的变幻或清澈或斑驳。这是以水为媒介,创造出新的空间体验,相当别出心裁。

> 图3-5-7 游泳池(1)

> 图3-5-8 游泳池(2)

地上一层为常规的作品展区,一方面展示世界各地艺术家的优秀作品,另一方面陶冶观者情操与艺术修养。地下一层则真正为市民留有大面积的展区空间,普通市民可以定期在这里展览自己的艺术作品,真正是为市民打造的城市美术馆(图3-5-9)。

玻璃立面外沿的一圈草地上,散布着来自不同艺术家的室外展陈装置。丹麦艺术家Olafur Eliasson于2010年为金泽21世纪美术馆特别创作的彩色屋(Colour Activity House)(图3-5-10),以红蓝黄三原色的玻璃墙打造而成。走在内部,不管从什么位置往外看,景色都不尽相同,像是在告诉我们:换个角度看世界,也许就会有不同的收获。有不少外形近似低音大号的管状作品分散于各处,数一数总共有12个,这是德国艺术家Florian Claar的作品Klangfeld Nr.3 für Alina,这些管子本身除了是艺术作品之外,竟然还是传声筒,这里也是儿童的游乐场。草地上其他的装置艺术更多地是为孩子们提供了游戏娱乐的区域(图3-5-11),大草坪与内部的公共空间互为风景,是个老少皆宜的文化休闲空间。

> 图3-5-9 地下一层市民展厅

> 图3-5-10 室外彩色屋

> 图3-5-11 室外装置艺术

其实，白天在光线直射下明亮开放的建筑，到了晚上会变身为静谧优雅的低调空间，呈现出两种完全不同的氛围（图3-5-12）。不禁让人再次体会出这是一座与城市共生共存、融入当地生活的美术馆。

> 图3-5-12 美术馆夜景

3.5.2 马来西亚的双子塔

吉隆坡石油双塔曾经是世界最高的摩天大楼，目前仍是世界最高的双塔楼，也是世界第八高的大楼，坐落于吉隆坡市中心（Kuala Lumpur City Centre），为吉隆坡的知名地标及象征（图3-5-13）。双子塔由美国建筑设计师西萨·佩里（Cesar Pelli）设计，他曾经被《纽约时报》称为"最致力于创造符合时代要求的摩天大楼建筑师"。双子塔是其代表作品之一，又叫"国家石油大厦"，由马来西亚国家石油公司投资建设。该建筑在1998—2004年间都一直保持着世界最高建筑的记录。

整个大厦设计采用双塔结构，更像是两座蓄势待发的银色火箭，象征着21世纪国际大都市的崛起（图3-5-14）。在设计阶段，西萨·佩里和他的团队做了大量的实践模型（图3-5-15）。从它建成的那一刻开始，世界上其他的高层建筑全都黯然失色。❶

> 图3-5-13 建筑外观

> 图3-5-14 醒目的双塔

> 图3-5-15 实践模型

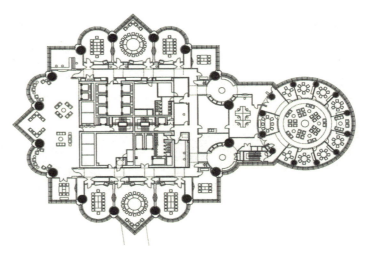

> 图3-5-16 建筑平面

❶ 江滨，王飞扬.西萨·佩里：建筑"真实性"的追随者[J].中国勘察设计，2019（11）：76-83.

从平面上看，双子塔是由两个正方形旋转组合而成，更像是八边星形，棱角中间用圆形加以组合（图3-5-16）。两座主楼由底部四层裙房相连，共有88层、总高452米，建筑面积约21.8万平方米，"在建成后已超过芝加哥的西尔斯大厦而获得当时最高建筑的桂冠，这反映了第三世界国家不甘落后的思想"。

整栋大楼内部包含大约74.32万平方米的办公空间和13.94万平方米的购物和娱乐空间，其中包括多媒体会议室、音乐厅、石油博物馆、原油勘探信息中心等（图3-5-17）。两座塔楼的建造完全相同，每座建筑周边由16根直径2.4米的高强度混凝土柱子围合而成，建筑内部设有两座电梯厅，共有24部电梯。"在不同停站方式的电梯停靠的楼层，墙和地面采取不同的颜色，以加强方向的识别性。摩天楼中央大厅的内墙装修采用浅色马来西亚木材嵌在不锈钢的格网内。"

> 图3-5-17　建筑室内空间

建筑外部由玻璃幕墙和不锈钢复合材料构成，整栋建筑共分为五段并逐渐向内收缩，在顶部设有高达73.6米的塔型封顶，更像是古代的佛塔，也让建筑显得更加修长。在两栋建筑

> 图3-5-18 空中之门

的41层至42层架设了一座空中过桥,被称作"空中之门"(图3-5-18),方便两座楼宇之间进行沟通连接,增加其建筑的连通性。空中过桥总长58.4米,宽度为5米,高度为9米,过桥两边的玻璃幕墙保障了通行的安全性。过桥两端是连接双塔的空中门厅,下部设有"人"字形的支撑结构,增强了建筑原有的强度。如建筑师所称,这座有"人"字形支架的桥似乎像一座登天门。双塔的楼面构成以及其优雅的剪影给它们带来了独特的轮廓。这座空中过桥也是当今世界上最高的过街天桥。位于整栋大厦86层的是大厦的观景台,可以在370米的高度俯瞰吉隆坡整座城市,成为这座现代化城市繁荣的象征。

马来西亚自身的伊斯兰文化背景,也赋予了双子塔独特的个性,其与伊斯兰文化相符合,建筑外形与伊斯兰几何结构契合,其包含的四方形和圆形使得其平面是两个扭转并重叠的正方形,用较小的圆形填补空缺;这种造型可以理解为来自伊斯兰的灵感,而同时又明显是现代的和西方的,彰显东西方文化的联系性。其中,伊斯兰风格在建筑的第五层也有体现,该层设置了代表伊斯兰传统的五根柱子。但是,西萨·佩里并没有对马来西亚传统进行随意堆砌,正如"'今天'并不是对'昨天'风格的延续,而是发展的传统"。

> 图3-5-19 双子塔远景

站在双子塔底下,抬头仰望,看那两座炫目的塔身高耸入云,骄傲地展示自身的壮观和美丽,心中都会有种奇怪的情愫涌动(图3-5-19)。这种情愫里包含了崇拜、卑微和震慑。西萨·佩里将马来西亚的地域文化、城市发展背景以及实际需求相结合,突出城市标志性建筑的设计理念,紧紧抓住建筑与环境之间的关系,从整体出发,创造出了符合社会环境的建筑语言,突出了具有地域文化的设计理念。这样既能够使双子塔符合吉隆坡城市发展的需要,又能在文化上符合整个国家的信仰。从建筑外形上看,高耸入云的塔型结构,也符合委托者赋予建筑的经济内涵,让建筑与整个城市形成默契的联系。

附录　招标文件附件——某室内设计任务书

一、目录部分

1）项目总体概况
2）委托设计范围及功能描述
3）设计工作内容
4）设计要求
5）设计依据（设计基础资料）
6）与其他设计单位（及其他专业）的工作协调
7）各设计阶段需完成的内容及成果要求
8）答疑
9）设计成果提交时间要求
10）设计成果提交方法
11）设计变更手续
12）其他事项
13）附件
① 全套施工图电子光盘（略）。
② 装修区域示意图（略）。

二、项目总体概况

1）项目名称：华泰保险全国发展后援中心
2）工程地点：康桥工业区24号地块
3）建设性质：办公、研发、呼叫中心
4）建筑结构：钢筋混凝土框架结构

三、委托设计范围及功能描述

1）1#楼

共5层，主要功能：底层为大堂接待，二层为IT机房，三至五层为数据维护和产品开发等办公用房。设计范围包括大堂、电梯厅、公共走道、卫生间等公共区域及办公区域，其中二层IT机房除外，二层设计范围仅包括电梯厅、卫生间及挑空部位的围栏、围栏上方的挡烟垂壁。

2）2#楼

共5层，电话呼叫中心，主要功能为智能化24小时全天候电话客户服务、电话直销。设计范围包括大堂、电梯厅、公共走道、卫生间等公共区域及办公区域。

3）附楼

单层建筑，多功能厅，兼顾室内网球场及会议礼堂，1#和2#楼共同使用。设计范围包括多功能厅、准备室以及多功能厅与1#楼、2#楼的过廊。

4）地下室

一层，功能涵盖停车及员工餐厅等，设计范围仅包括员工餐厅、电梯厅及电梯厅通往餐厅的过道。

以上设计范围以附件三图纸（本书略）的彩色区域为基础，最终以设计图纸为准。

四、设计工作内容

1）方案设计阶段

① 室内设计单位必须清楚了解设计范围及建设方功能定位、进度及造价控制等方面的相关要求。

② 室内设计单位根据建设方对进度的要求，编排设计进度计划报建设方确认，并按设计进度计划展开各阶段设计。

③ 室内设计单位在概念设计阶段需对设计理念、构思、表现手法特点进行阐述。

④ 室内设计单位应对空间功能、人流组织、平面布局、主要区域效果及材料样板等提供分析图、效果图和样板。

⑤ 室内设计单位对家具（办公桌椅、会议桌椅、沙发等）、软装（装饰画、窗帘、花艺等）设计提供示意图片。

⑥ 室内设计单位就概念设计方案提供相应的设计估算（应将软装、硬装、家具等分列）。

2）扩初设计阶段

① 室内设计单位在方案设计得到建设方确认的前提下，展开扩初设计。

② 室内设计单位对方案设计进行完善、优化和深化，进一步细化各层平面布置图、天花图、立面图，明确主要节点的具体做法并提供相应大样图。

③ 室内设计单位对天花图、总体设计单位和专业深化设计单位就空调、消防、强弱电等进行专业沟通，以确保室内设计在美观的同时也能达到相关规范规定的要求，并在扩初设计中落实到位。

④ 室内设计单位对电源插座位置、开关位置、电话、网络、喷淋、烟感、消防广播、消防疏散指示、监控、门禁等与总体设计单位和专业深化设计单位的强弱电设计复核用电负荷、系统配置等事项的合理性，并在扩初设计中落实到位。

⑤ 室内设计单位将地面装饰完成面高度与总体设计单位的建筑设计复核，并与电梯安装厂商确认电梯停靠标高等。

⑥ 应进一步明确家具（办公桌椅、会议桌椅、沙发等）的样式及尺寸等要求。

⑦ 室内设计单位应提供准确齐全的材料样板，以供建设方确认。

⑧ 室内设计单位应提供扩初设计的设计概算。

⑨ 室内设计单位应提供与扩初设计相符的主要区域效果图。

3）施工图设计阶段

① 室内设计单位在扩初设计得到建设方确认的前提下，展开施工图设计。

② 室内设计单位在扩初设计的基础上进一步深化设计；进一步明确各层平面布置图、天花图、立面图，明确所有节点的具体做法并提供相应大样图。

③ 室内设计单位在施工图中应明确所有强电点位及走线，系统（电源插座、开关、应急照明等）以及消防（喷淋、烟感、消防广播、消防疏散指示等）点位，弱电（监控、门禁、电话、网络、卫星电视、视频会议等）点位等。

④ 室内设计单位应在施工图中明确所有饰面材料的规格和材料的说明并提供实样。

⑤ 室内设计单位应在施工图中明确所有木作制品和器物的饰面及小五金的尺寸、材料等要求并提供相应的要求说明书。

⑥ 室内设计单位应在此阶段明确所有家具（办公桌椅、会议桌椅、沙发等）饰面材料、织物、五金件的尺寸及材料要求并提供相应的要求说明书。

⑦ 室内设计单位应在此阶段对特殊部位的装饰照明类灯具提供细节、规格等要求说明书。

4）施工招标阶段

① 提供满足业主进行施工单位招标的技术性能（规格说明书），推荐3家以上同档次材料品牌。

② 协助甲方在投标前对投标者进行技术评估及筛选。参加招标会议，参与资格审查，向参与投标公司简单介绍装修项目。

③ 评审投标公司的投标技术文件，出具回标分析报告及疑问清单。

④ 出席投标面试，在签定分包合同之前，准备一份正式投标论证报告，提供技术方面的意见。

⑤ 派员配合业主和管理公司考察投标单位，并给予书面的考察评价报告。

5）施工阶段

① 配合建设方在装修工程报审和验收中提供所需资料。

② 配合建设、审核、施工单位提供装修预算。

③ 对施工单位提供的材料实样进行审核并签字确认。

④ 在开工前应对施工单位进行设计交底并答疑。

⑤ 在施工过程中，主设计师须每周不少于1次至现场，检查施工工艺并协助控制精装修的施工质量，现场答疑，及时解决施工中所遇到的技术问题，并及时完成补充修改图纸。

⑥ 室内设计单位应配合建设方对需另行采购的家具、灯具、窗帘、装饰画、地毯等提供

招标所需的资料。

⑦ 室内设计单位应配合建设方对供应商提供的装饰照明灯具、家具、窗帘、地毯、装饰画等提供验收确认服务并对软装饰装配进行现场指导。

⑧ 室内设计单位应配合建设方对施工质量和竣工验收提供相应的服务。

五、设计要求

1）功能布局合理，动线流畅，充分体现建筑设计意图。

2）关于设计风格的描述：现代、简洁、实用，充分考虑使用者的人性化需求。

3）需满足下列设计要求。

① 完善室内空间组织和边界处理：要求基于对原建筑设计意图进行充分理解及功能分析，采取适当设计手段弱化建筑空间的缺陷。

② 室内照明设计：通过照明设计表现空间的形体、色彩和材料质感，以创造室内不同功能需要的环境气氛。

③ 色彩及材质：主材的选用，色彩的搭配，主要是借助于内部空间各部分色彩的选择和调配，增强对人的心理影响，以渲染和塑造室内特定的空间环境气氛。

④ 家具布置：表现各室内空间的功能和场景，符合总体风格趋向。

⑤ 设计要求不破坏原有结构。

⑥ 设计须符合国家相关规范规定。

六、设计依据（设计基础资料）

1）建设方向室内设计单位提供主体全套施工图电子文件（建筑效果图、建筑施工图、结构施工图、水电施工图等设计文件）。

2）室内设计单位在收到建设方提供的设计基础资料后应及时确认，如有需要其他设计单位提资的数据，建设方应协调联络。需要补充提资的内容，需提前书面通知。

3）一切往来设计文件手续以文字、日期、经办人签名为准。

七、与其他设计单位（及其他专业）的工作协调

1）室内装饰设计需要建筑、设备、结构等其他相关设计专业技术衔接、相互配合、相互提资。各单位必须在建设方的协调下，相互配合开展工作。

2）室内装饰设计必须统筹考虑其他诸如结构、空调、水电、消防等各专业与装饰设计的矛盾与问题，并在美观与规范要求间寻求平衡，予以解决。

3）室内设计单位必须统一图纸设计比例和设计图幅。

八、各设计阶段需完成的内容及成果要求

1）方案设计——方案设计文本6套，光盘2张，内容应包含：设计说明，包含设计理念、构思、空间功能、人流组织等分析及功能定位分布；主要区域彩色效果图；各层平面布置图；主要区域的家具及软装示意图；设计估算。

2）扩初设计——扩初设计文本10套，光盘3张，内容应包含：设计说明；主要区域效果图；各层平面布置图及机电点位图；立面图；天花造型、灯具布置图（显示原建筑结构梁位置）；地面材料布置图；材料样板；家具及软装示意图；设计概算。

3）施工图设计——施工图蓝图15套，光盘3张，内容应包含：图纸目录；设计及施工说明；材料表及供应商联系方式（同等档次需推荐三种以上品牌备选）；原建筑（墙体）平面图；平面布置图；拆除墙体及新砌墙体图；墙体定位尺寸图；天花造型、灯具布置图（显示原建筑结构梁位置）；天花空调定位图（显示原建筑结构梁位置）；天花尺寸图；天花综合布置图；地面材料布置图；机电施工系统图（含给排水/强弱电/空调等）；立面索引平面图；立面图；剖面图；节点大样图；材料样板（包括图片资料）；木作制品和器物的饰面及小五金的尺寸、材料要求说明书；家具饰面材料、织物、五金件的尺寸及材料要求说明书；装饰照明类灯具要求说明书。

九、答疑

建设方指定专人答疑，设计方如有技术方面疑问，应以书面及数据提资要求提出，以便设计工作顺利进行。×月×日前。

十、设计成果提交方法要求

1）设计单位必须按照上述内容编制设计成果。
2）图纸和报告的文字使用中文，度量单位为公制。
3）设计阶段成果按要求以文本、展板、图纸（施工图以蓝图）、电子文件方式提交。
4）阶段设计成果需由建设方负责人签收。

十一、设计变更手续

凡是有设计变更，必须以文字形式说明原因和具体修改内容，双方指定联络人书面达成一致后存档，并向施工方作技术交底。

十二、其他事项

1）室内设计单位需书面明确设计主要负责人及其主要设计作品，以及其他主要设计人员名单及联系方式。

2）室内设计单位未经建设方书面同意不得随意更换设计负责人，对于不称职的设计负责人，甲方有权要求更换，但更换超过三次，甲方有权单方面终止合同。

3）室内设计单位有义务配合建设方各建造阶段的报批及验收工作并提供相关技术资料。本设计任务书作为合同附件，如有不符按合同相关条款执行。

十三、附件

略。

参考文献

[1] 国务院学位委员会第六届学科评议组.学位授予和人才培养一级学科简介[M].北京：高等教育出版社，2013.

[2] 郑曙旸.环境艺术设计[M].北京：中国建筑工业出版社，2007.

[3] 刘先觉.现代建筑理论[M].北京：中国建筑工业出版社，1999.

[4] 刘先觉.生态建筑学[M].北京：中国建筑工业出版社，2009.

[5] 周浩明.可持续室内环境设计理论[M].北京：中国建筑工业出版社，2011.

[6] 周海林.可持续发展原理[M].北京：商务印书馆，2004.

[7] 李萧锟.色彩学讲座[M].桂林：广西师范大学出版社，2003.

[8] 宋建明.色彩设计在法国[M].上海：上海人民美术出版社，1999.

[9] 马江彬.人机工程学及其应用[M].北京：机械工业出版社，1993.

[10] 大师系列丛书编辑部.斯蒂文·霍尔的作品与思想[M].北京：中国电力出版社，2005.

[11] 巩在武.不确定模糊判断矩阵原理、方法与应用[M].北京：科学出版社，2011.

[12] 杜栋，庞庆华，吴炎.现代综合评价方法与案例精选[M].北京：清华大学出版社，2008.

[13] 彼得·罗希，马克·李普希，霍华德·弗里曼.评估：方法与技术[M].重庆：重庆大学出版社，2007.

[14] 朱小雷.建成环境主观评价方法[M].南京：东南大学出版社，2005.

[15] 陆震纬，屠兰芬.住宅室内环境艺术的若干问题[J].建筑学报，1988（02）.

[16] 张耀曾.环境营造说——龙柏"文峰"设计谈[J].时代建筑，1984（01）.

[17] 唐英，史承勇.尊重"地域性"的居住区景观设计[J].科技咨讯，2012（05）.